Java语言程序设计

上机指导与题解

丁振凡　范　萍 ◎ 编著

清华大学出版社
北京

内 容 简 介

　　本书是 Java 语言程序设计（第 3 版）（清华大学出版社）的配套上机实训指导与习题解析，其目标是为学生的实验上机以及解题提供帮助和指导。全书各章与主教材对应一致。每章包括知识要点、实验指导、习题解析。知识要点部分对主要知识内容进行归纳。实验指导部分包括实验目的、样例调试和编程练习。样例调试包括基础训练题和综合训练题，基础训练题的目标是强化对概念理解，分步启发引导学生在编程调试过程中逐步理解相关知识、掌握编程技能；结合样例部分培养学生综合应用知识的能力。习题解析部分对主教材每章的习题进行分析和解答。

　　本书既可作为高等院校开设 Java 语言程序设计课程的实验配套参考书，也可作为读者自学 Java 语言或面向对象程序设计的参考用书。

图书在版编目（CIP）数据

Java 语言程序设计上机指导与题解/丁振凡，范萍编著. —北京：清华大学出版社，2023.7
ISBN 978-7-302-64099-8

Ⅰ．①J…　Ⅱ．①丁…　②范…　Ⅲ．①JAVA 语言－程序设计－高等学校－教学参考资料　Ⅳ．①TP312.8

中国国家版本馆 CIP 数据核字（2023）第 130492 号

责任编辑：邓　艳
封面设计：刘　超
版式设计：文森时代
责任校对：马军令
责任印制：曹婉颖

出版发行：清华大学出版社
　　　网　　　址：http://www.tup.com.cn，http://www.wqbook.com
　　　地　　　址：北京清华大学学研大厦 A 座　　　　邮　　编：100084
　　　社 总 机：010-83470000　　　　　　　　　　邮　　购：010-62786544
　　　投稿与读者服务：010-62776969，c-service@tup.tsinghua.edu.cn
　　　质量反馈：010-62772015，zhiliang@tup.tsinghua.edu.cn
印 装 者：北京国马印刷厂
经　　销：全国新华书店
开　　本：185mm×260mm　　　印　　张：10.75　　　字　　数：252 千字
版　　次：2023 年 8 月第 1 版　　　　　　　　　印　　次：2023 年 8 月第 1 次印刷
定　　价：49.80 元

产品编号：102460-01

前　言

上机实践是程序设计语言教学的一个重要环节，也是学生提高编程能力的重要途径。只有自己动手编写程序并上机调试程序才能将书本知识灵活运用。为了让学生在 Java 语言程序设计课程的上机实践中更有针对性，笔者编写了这本 Java 语言程序设计上机指导用书，书中还对主教材中的习题进行了解答分析。本书在内容体系上与笔者编写的《Java 语言程序设计（第 3 版）》紧密配合。全书分 18 章，与主教材各章对应一致，每章内容包括知识要点、实验指导、习题解析。知识要点部分对主要知识内容进行归纳。实验指导包括样例调试和编程练习。样例调试部分包括基础训练题和综合样例。基础训练题的目的是强化对概念理解，通过分步启发引导的方式指导学生在递进式编程调试过程中逐步对 Java 知识进行体验和总结。而综合样例部分培养学生综合应用知识的能力。力求让每次实验能有一个明确的目标，从而让学生更好地理解相关知识，并加以灵活运用。

本书在思想上符合党的二十大报告的精神内涵，以科学的态度对待科学，注意中华文明传承，紧跟时代步伐，顺应实践发展。内容组织突出问题导向，注重培养学生科学思维和创新意识。

本书可作为高等院校开设 Java 语言程序设计课程的实验配套教材。书中的样例代码和习题解析中的程序均经过调试，每章代码请扫描章后二维码获取。

本书第 1～8 章由范萍编写，第 9～18 章由丁振凡编写。在编写过程中注意突出重点，以使读者对相关知识的典型应用场景有较深入的了解。由于编者水平有限，加之时间仓促，疏漏之处在所难免，希望读者能提出宝贵意见。

编　者

前　言

目　　录

第 1 章　Java 语言概述

1.1　知　识　要　点

1.1.1　Java 编程环境的安装

（1）从 Oracle 的官方网站根据自己的操作系统下载 JDK 安装程序，例如，在 Windows 下 JDK17 的 x64 Installer 包为 jdk-17_windows-x64_bin .exe。单击下载的安装包，按运行提示完成安装。

（2）设置环境变量。在 Windows 10 的桌面中，右击"此电脑"，在弹出的快捷菜单中选择"属性"→"系统属性"→"高级系统设置"→"环境变量"，在弹出的"环境变量"对话框中选择系统环境变量 Path，单击"编辑"按钮，通过"新建"按钮，添加一行 C:\Program Files\Java\jdk-17.0.2\bin。注意：这里的目录 C:\Program Files\Java\jdk-17.0.2 是安装 Java 的目录。该环境变量的设置是为了能在 DOS 环境下运行 javac 和 java 两个命令。另外，还要设置另一个环境变量 JAVA_HOME 的值为 JDK 的安装路径，该环境变量的作用是让其他应用工具知晓 JDK 安装的位置。

（3）使用工具调试程序可提高效率。如果使用 Eclipse 工具调试程序，可以从 Eclipse 的网站（http://www.eclipse.org/）下载 Eclipse 安装程序包，按运行提示完成 Eclipse 的解压和安装，从安装后的目录里找到 eclipse 子目录，运行其下的 eclipse.exe 应用程序即可启动 Eclipse。为方便操作，可以生成一个该应用程序的桌面快捷访问方式。

1.1.2　Java 程序的特点

（1）任何程序代码均封装在类中。类中的 main()方法是 Java 应用程序的执行入口。
（2）程序代码严格区分大小写。
（3）Java 程序可以在 DOS 命令方式下调试，也可以在 Eclipse 等工具环境中调试。

1.1.3　在 DOS 环境下调试 Java 程序的步骤

Java 程序的调试分为编辑、编译、运行 3 个步骤。
（1）源程序的编辑。
Java 源程序的输入和修改。源程序文件的名称一定要与用 public 修饰定义的主类名称保持一致。主类中通常会含有 main()方法。源程序文件的扩展名为 java。

（2）对源程序进行编译。

命令格式如下：

javac 文件名.java

编译的目的是将 Java 源程序转化为字节码文件。如果程序中有语法错误，则会在命令行显示出错误信息，错误信息中会指示出错的行、错误类型，用户根据错误指示修改源程序。每次改动程序后要重新编译。编译成功后会产生 class 类型的文件。

（3）Java 应用程序的运行。

命令格式如下：

java 文件名

运行程序是由 Java 虚拟机解释执行字节码文件（.class 类型的文件），注意这里的命令格式中文件名不包括扩展名。运行程序后将产生输出结果，用户可检查分析结果是否正确，如果不正确，说明程序逻辑思路存在问题，检查改正逻辑错误后重新编译运行。

1.1.4 用 Eclipse 工具调试 Java 程序

（1）在 Eclipse 环境中创建 Java 工程。

在 Eclipse 环境中调试 Java 程序要创建工程，在 File 菜单中选择 New→Java Project 可创建一个工程，在弹出的新建工程对话框中输入工程名称（例如：test），单击 Finish 按钮即可。要编辑输入程序，首先要选中工程，然后右击，在弹出的菜单中选择 New→Class，在弹出的对话框的 Name 域输入类名，然后单击 Finish 按钮，即可进入程序编辑界面，如图 1-1 所示。工程默认将程序安排在与工程同名的 test 包中，用户也可以删除包名，如果包名为空白，则程序安排在无名包中。

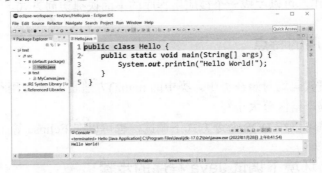

图 1-1　程序编辑和运行调试界面

（2）程序的运行调试。

在 Eclipse 环境中调试程序是即时编译的，如果程序输入过程中发现有问题，会自动在代码中通过特殊标记告知错误位置，若代码中没有特殊标记则说明程序无语法错误。调试运行程序，可单击 ▶ 图标。在右下方的 Console 子窗体中可看到运行结果。例如，图 1-1 中程序的输出结果为"Hello World!"。

1.1.5　常见错误处理

（1）javac 命令为非法。

处理办法：安装 Java 后，检查 path 环境变量设置是否正确。要将 Java 安装目录的 bin 子目录设置到 path 环境变量中，DOS 寻找外部命令将根据该环境变量指示的路径去找。

（2）执行 javac X.java 时显示找不到 X.java 文件。

处理办法：进入 X.java 所在的目录进行操作。在当前目录下用 dir 命令查看是否有 X.java 文件，如果发现保存的文件为 X.java.txt，则说明用记事本编辑程序在保存文件时未在保存类型下拉列表框中选择"所有文件"类型，Windows 会自动认定文件类型为文本类型，给文件添加后缀 txt。这时可用如下 DOS 命令将文件改名：

```
rename X.java.txt   X.java
```

DOS 提供的 rename 命令的格式如下：

rename　旧文件名　新文件名

（3）在 Eclipse 环境下运行程序找不到控制台。

处理办法：在 Eclipse 工具中选择 Window 菜单，在其下拉菜单中选择 Show View 菜单项，再在二级子菜单中选择 Console，就可以看到控制台窗体。

（4）常见程序代码问题。

❑　括号不匹配。大括号、小括号、中括号在程序中总是配对出现。

❑　变量未定义。任何变量要先定义再使用。

❑　访问未初始化的变量。在方法中定义的变量要先赋初值才能访问其值。

❑　main()方法书写不正确。例如，未添加 static 修饰符。

1.2　实　验　指　导

1.2.1　实验目的

（1）掌握 Java 应用程序的调试步骤。

（2）了解 Java 程序的基本组成结构。

（3）了解字符方式下数据的输出方法。

1.2.2　实验内容

1. 样例调试

【基础训练 1】字符方式下显示如下操作菜单。

```
**********************
*   1. 求圆面积        *
*   2. 求圆周长        *
*   0. 退出           *
**********************
```

【目标】了解字符方式下数据的输出方法。

【参考程序】程序文件名为 SimpleMenu.java

```java
public class SimpleMenu {
    public static void main(String a[ ]) {
        System.out.println("**********************");
        System.out.println("*   1. 求圆面积        *");
        System.out.println("*   2. 求圆周长        *");
        System.out.println("*   0. 退出           *");
        System.out.println("**********************");
    }
}
```

在 Eclipse 环境下，程序运行结果显示在 Console 窗体中，如图 1-2 所示。

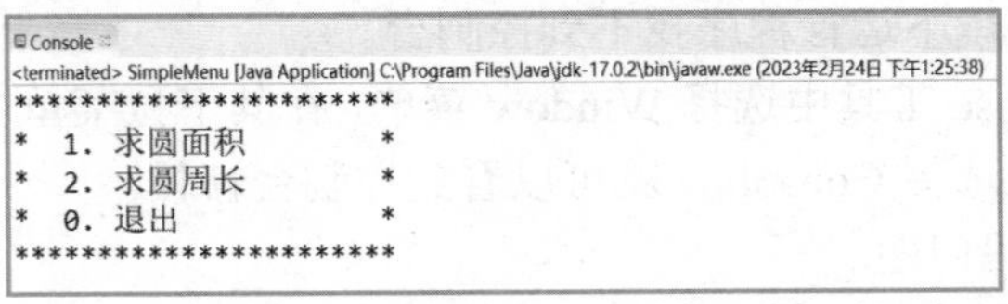

图 1-2　简单应用程序的调试

【注意】

（1）用 System.out.println()方法在控制台逐行输出字符串。

（2）输出字符串中的空格符将按照原样逐个输出。

【思考】

（1）图 1-1 中的菜单太靠左边了，如何让其输出往右移 4 个字符位置。

（2）程序中 System 的首字母可以用小写吗？SimpleMenu 的首字符可以用小写吗？

【基础训练 2】当同一文件中含两个类时，访问另一类的静态属性。

【目标】了解如何访问另一个类的静态属性。

【参考程序】程序文件名为 My.java

```java
public class My {
    public static void main(String args[ ]) {
        System.out.println(you.info);
    }
}

class   you {
    static String info = "同学们好!";
}
```

【思考】在 DOS 命令行环境下调试程序，并回答如下问题。

（1）观察编译会产生多少个类文件，分别叫什么名字？

（2）执行程序用命令 java My，为何不能用 java you？

（3）将 My 类中的 main()方法复制粘贴或剪切到 you 类，重新编译调试，测试是否可用命令 java you 来执行程序。

（4）如果将源程序的文件名改为 you.java，程序能否通过编译？说明原因。

【综合样例】调试窗体应用程序。

【参考程序】程序文件名为 TestFrame.java

```java
import java.awt.Frame;
import java.awt.Color;
public class TestFrame {
    public static void main(String    args[ ]) {
        Frame x = new Frame("窗体标题");            //创建窗体,用 x 代表它
        x.setBackground(Color.blue);               //设置窗体背景为蓝色
        x.setSize(200,100);                        //设置窗体大小为宽 200,高 100
        x.setVisible(true);                        //设置窗体可见
    }
}
```

运行程序可看到一个窗体，但该窗体不能关闭。在 DOS 环境下调试要用 CTRL+C 组合键终止程序执行。在 Eclipse 环境下要终止程序执行，可单击控制台窗体中的方形红色小图标。

【练习】修改程序让其显示出一个绿色背景的窗体。

2．编程练习

（1）输出 Java 语言的主要特点，每个特点占一行。

（2）在字符方式下输出 5 行的空心三角形图案，以星号为边界。

1.3 习 题 解 析

1．选择题

（1）B   （2）AC   （3）B   （4）A   （5）B   （6）B   （7）B

2．问答题

（1）答：面向对象程序设计有 4 大特性：封装、继承、多态、抽象。

（2）答：Java 语言有面向对象、跨平台与解释执行、健壮和安全、多线程、面向网络、动态性等特点。

3．编程题

（1）创建一个名为 TestApp 的 Java 应用程序，在屏幕上分行显示如下文字。

学而时习之，不亦说乎！

三人行必有我师！

【**参考程序**】程序文件名为 TestApp.java

（2）编写 Java 应用程序，分别在字符界面和窗体图形界面中实现如下三角形图案的绘制。

```
    *
   ***
  *****
```

【**参考程序 1**】在命令行字符方式下输出结果，程序文件名为 Star.java

【**说明**】在输出字符串中通过添加空格字符来控制显示星号字符的位置。

【**参考程序 2**】在图形界面窗体中显示结果，程序文件名为 Star2.java

【**说明**】在图形环境下通过坐标指定输出内容的位置。

第 1 章

第 2 章　数据类型与表达式

2.1　知　识　要　点

2.1.1　基本数据类型、变量

（1）标识符的命名原则：以英文字母、汉字、下画线（_）、美元符（$）开始的一个字符序列，后面可以跟英文字母、汉字、下画线、美元符、数字。

（2）基本数据类型包括 byte、short、int、long、float、double、char、boolean。

（3）数据的特殊表示。

❑　整数的八进制表示形式：以 0（零）开头，如 012。

❑　整数的十六进制表示形式：以 0x 开头，如 0xa1。

❑　整数的二进制表示形式：以 0b 开头，如 0b1101101。

❑　整数：默认为 int 型，长整数可在后面加 L。

❑　实数：默认为双精度型，要明确表示为 float 型在数据后加 F 或 f。

❑　布尔型数据：只有 true 和 false 两个值。

❑　字符型数据：用单引号括起来。Java 字符采用 Unicode 码。"\"（反斜杠）在字符或字符串表示中有特殊作用，它和后面字符合并解释，例如，\n 代表换行。

2.1.2　自动类型转换与强制类型转换

（1）自动转换次序。

按照图 2-1 中箭头所示方向，处于左边的数据类型的数据可以自动转换赋值给右边的数据类型的变量，但反之，处于右边的数据类型的数据要赋值给处于左边的数据类型的变量必须经过强制转换。char 类型和 short 类型之间赋值需要使用强制转换。

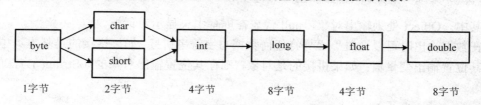

图 2-1　基本数据类型自动转换顺序

（2）布尔类型不能与其他类型进行转换。

（3）强制转换可能导致数据丢失精度。

2.1.3　数据的输入/输出

1. 数据的输入

（1）利用 System.in.read()方法从键盘读一个字符。

（2）从键盘读一行字符串的方法如下：

```
BufferedReader br = new BufferedReader(new InputStreamReader(System.in));
String x = br.readLine();                    //读一行字符串
```

【注意】用上述方法输入数据时在程序中还涉及 IO 异常处理。

（3）利用 swing 包中 JOptionPane 类的 showInputDialog()方法读取字符串。

（4）输入整数和双精度数，先用读取字符串的输入方法取得输入数据，再用如下方法进行转换。

❑　Integer.parseInt(String s)：将数值字符串 s 转换为整数。

❑　Double.parseDouble(String s)：将数值字符串 s 转换为双精度数。

（5）利用 Scanner 扫描器提供的方法从标准输入（System.in）中获取数据。

需要先创建扫描器对象，再通过对象调用以下方法获取数据。

❑　int nextInt()：读取整数。

❑　long nextLong()：读取长整数。

❑　double nextDouble()：读取双精度数。

❑　String nextLine()：读取一行字符串。

2. 数据的输出

（1）利用标准输出流（System.out）的方法在控制台上输出信息。

❑　print()方法与 println()方法的差异是前者输出内容后不换行，而后者会添加换行。

❑　printf()方法：用于带格式描述的数据输出。

（2）用 swing 包中 JOptionPane 类的 showMessageDialog()方法可弹出消息框显示要输出的内容。其最简单的形式如下：

```
JOptionPane.showMessageDialog(null,Object);
```

其中，Object 处为输出对象，null 代表在屏幕中央显示对话框。

在数据输出时可以通过"+"号将任何数据与字符串拼接。如果拼接的是基本类型变量，则在其位置输出变量值；如果拼接的是对象，则在其位置输出对象的 toString( )方法的返回结果。

2.1.4　容易用错的运算符

（1）注意++或--运算符的运算结果的位置相关性。

假设 a=2，则使用++或--运算符后的结果如表 2-1 所示。

表 2-1　++和--运算符的位置相关性

表　达　式	初始 a 值	运算后 a 值	表达式的值
a++	2	3	2
++a	2	3	3
a--	2	1	2
--a	2	1	1

（2）注意赋值运算（=）与相等比较（==）的差异。

① "="是赋值运算符。

赋值语句形式：

变量名=表达式；

"="运算符的功能是计算表达式的结果，并用该结果给变量赋值，变量的结果也为赋值表达式的结果。

② "=="是关系运算符。

"=="运算符的功能是比较运算符两边的数据是否相等，表达式的结果为 true 或 false。

（3）求余（%）与除号（/）的使用要注意具体运算对象的类型。

两个整数进行除法运算是进行整除操作，结果将不包含小数部分。如果两个运算量中，一个是整数，另一个为实数，则将整数运算量转化为实数后再计算，结果为实数。

取模运算"%"用来得到余数部分。例如，7%4 的结果为 3。实数的求余运算可能存在误差，例如，7.4%3.1 的结果为 1.200 000 000 000 000 2。当参与运算的量为负数时，其结果的正负性与被除数的正负性一致。

（4）逻辑与（&&）与逻辑或（||）的使用，注意运算的附加特点。

逻辑运算中有可能不必计算运算符两边的表达式即可确定结果，逻辑运算符的附加特点如表 2-2 所示。

表 2-2　逻辑运算符的附加特点

表　达　式	何时结果为 true	附　加　特　点
op1 && op2	op1 和 op2 都是 true	op1 为 false 时，不计算 op2
op1 || op2	op1 或 op2 是 true	op1 为 true 时，不计算 op2

（5）运算符的优先级。

在一个表达式中，运算的优先次序由相邻运算符的优先级决定，同一级运算符的运算次序根据运算符的结合性决定。通过添加小括号可强制某部分先进行运算。

2.1.5　Math 类——提供数学函数功能

表 2-3 列出了 Math 类的常用方法，其中不少方法有参数为其他类型的多态方法。

表 2-3　Math 类的常用方法

方　　法	功　　能
int abs(int i)	求整数的绝对值。另有针对 long、float、double 等类型参数的多态方法
double ceil(double d)	不小于 d 的最小整数（返回值为 double 型）
double floor(double d)	不大于 d 的最大整数（返回值为 double 型）
int max(int i1,int i2)	求两个整数中最大数；另有针对 long、float、double 等类型参数的多态方法
int min(int i1,int i2)	求两个整数中最小数。另有针对 long、float、double 等类型参数的多态方法
double random()	0～1 的随机数，不包括 0 和 1 的一个小数形式的数
int round(float f)	求最靠近 f 的整数
long round(double d)	求最靠近 d 的长整数
double sqrt(double a)	求 a 的平方根
double cos(double d)	求 d 的 cos 函数。其他求三角函数的方法有 sin()、tan()等
double log(double d)	求 d 的自然对数
double exp(double x)	求 e 的 x 次幂（e^x）
double pow(double a, double b)	求 a 的 b 次幂（a^b）

2.2　实　验　指　导

2.2.1　实验目的

（1）熟悉基本数据类型及其占用空间大小，熟悉标识符的定义特点。
（2）熟悉常见转义字符的含义。
（3）掌握不同类型数据的赋值转换原则，熟悉自动转换与强制转换的含义。
（4）掌握常用运算符的使用。
（5）了解数据的输入/输出的一般方法。

2.2.2　实验内容

1. 样例调试
【**基础训练 1**】变量的数据类型及赋值。
【**目标**】了解变量的赋值及转换问题。
（1）变量的定义与赋值。
在程序中定义变量名为 a、b、c、d 的几个变量，类型分别为 int、boolean、double、char。给其赋值，并输出各变量的结果。

【参考程序】程序文件名为 Test1.java

```
public class Test1 {
    public static void main(String args[ ]) {
        int a = 20;
        boolean b = true;
        double c = 3.14159;
        char d = 'a';
        System.out.println(a + "," + b + "," + c + "," + d);
    }
}
```

调试程序，理解变量的赋值，掌握输出内容之间如何用"+"进行拼接。

【思考】是否可将 123456789 赋给 a？如何将反斜杠字符赋值给变量 d？

（2）理解强制转换。

① 修改上面程序，是否可以用如下语句将给 a 赋值？其中，Math.random()的作用是产生 0～1（不包括 0 和 1）的随机小数。

```
int a = Math.random( );
```

观察编译结果指示的错误，总结原因。

② 改为如下语句：

```
int a=（int）Math.random( );
```

调试运行程序，观察 a 的输出结果，多运行几次，看结果如何，并分析原因。

③ 再修改程序如下：

```
int a=（int）（Math.random( )*100）;
```

调试运行程序，多运行几次，看结果如何，分析原因。

【思考】如何让产生的随机整数的范围为 10～90（包括 10 和 90）。

【基础训练 2】典型运算符的使用。

【目标】熟悉++和%运算符的使用。

（1）理解++运算符的位置差异。

【参考程序】程序文件名为 Test2.java

```
public class Test2 {
    public static void main(String args[ ]) {
        int a = 20;
        int b = a++;
        System.out.println(a + "," + b);
    }
}
```

调试运行程序，观察 a 和 b 的输出值。将程序第 4 行改为"int b=++a;"测试结果变化。总结 a++和++a 的相同之处与差异性。

（2）理解求余运算。

【参考程序】程序文件名为 Test3.java

```java
public class    Test3 {
    public static void main(String args[ ]) {
        int a = 20;
        int b = (int)3.65;
        System.out.println(a % b);
    }
}
```

① 调试运行程序，观察输出结果。

② 将其中一个数据改为实数，例如：

```java
double    b = 3.2;
```

调试运行程序，观察输出结果的变化。总结混合类型运算的运算规律。

③ 修改输出语句格式，按精确到小数点后两位的形式输出结果。

【综合样例 1】测试典型运算符的使用。

【目标】理解表达式运算次序和字符串的拼接。

【参考程序】程序文件名为 Test4.java

```java
public class Test4 {
    public static void main(String args[ ]) {
        int m = 0;
        System.out.println("m++=" + m++);
        System.out.println("++m=" + (++m));
        boolean x;
        x = (m > 1) && (4 == 6);
        System.out.println("x=" + x);
        m = m % 2;
        System.out.println("result=" + m + 1);
        int y = m = 2 * m - 1;
        System.out.println("m=" + m + ",y=" + y);
    }
}
```

【输出结果】

```
m++=0
++m=2
x=false
result=01
m=-1,y=-1
```

【注意】在第 4 个输出语句中表达式的运算次序中，字符串"result"先与 m 的值拼接，再与 1 拼接。

【综合样例 2】输入一个梯形的上底、下底、高，求其面积。

【目标】熟悉常用输入/输出方式。

（1）Swing 的输入对话框和消息显示对话框的使用。

【参考程序 1】程序文件名为 Area.java

```java
import javax.swing.*;
public class Area {
    public static void main(String args[ ]){
        String str = JOptionPane.showInputDialog("请输入梯形的上底:");
        double x = Double.parseDouble(str);              //上底
        str = JOptionPane.showInputDialog("请输入梯形的下底:");
        double y = Double.parseDouble(str);              //下底
        str = JOptionPane.showInputDialog("请输入梯形的高:");
        double z = Double.parseDouble(str);              //高
        double s = (x + y) * z / 2;                      //计算梯形面积
        JOptionPane.showMessageDialog (null,"面积="+s);
    }
}
```

【说明】利用 javax.swing.JOptionPane 类的 showInputDialog()方法获取用户输入，利用 Double 类的 parseDouble()方法将含数值数据的字符串转为实数。

（2）使用扫描器类。

【参考程序 2】程序文件名为 Area2.java

```java
import java.util.*;
public class Area2 {
    public static void main(String args[ ]) {
        Scanner s = new Scanner(System.in);
        System.out.print("请输入梯形的上底、下底和高: ");
        double x = s.nextDouble();              //上底
        double y = s.nextDouble();              //下底
        double z = s.nextDouble();              //高
        double m = (x + y) * z / 2;
        System.out.printf("面积=%.2f", m);        //输出面积精确到小数点后两位
        s.close();
    }
}
```

【运行演示】

请输入梯形的上底、下底和高：4.3　2.5　5

面积=17.00

2. 编程练习

（1）输入一个圆柱体的高和底面半径，求其体积，输出结果精确到小数点后 3 位。

（2）从键盘输入一个实数，验证输出 ceil、floor、round 等几个数学方法的计算结果。从如下数据中选择一个作为输入数据进行测试：2.56、−3.1、8.0、45 等。验证如何求 $\sin(90°)$。

2.3　习题解析

1. 选择题

（1）AD　　　（2）B　　　（3）C　　　（4）B　　　（5）B
（6）B　　　（7）A　　　（8）B　　　（9）B　　　（10）B

2. 思考题

（1）表达式的执行结果如下：

① 6　　　② 1　　　③ 5　　　④ false　　　⑤ 3　　　⑥ true

（2）程序的运行结果如下：

程序 1：

```
234
```

程序 2：

```
value is 9.0
```

程序 3：

```
1
12
false
```

程序 4：

```
1    1    -1    -1
7.2%2.8=1.6000000000000005
```

程序 5：

```
13hello83.14
```

程序 6：

```
55
7
```

3. 编程题

（1）球体的体积计算公式为 $4/3\pi r^3$，编写一个程序，输入球体的半径，求球体的体积。
【参考程序】程序文件名为 ex2_1.java
【说明】计算表达式的一种表达形式为：4.0/3.0*Math.PI*r*r*r
（2）输入矩形的长和宽，计算矩形的周长和面积。

【参考程序】程序文件名为 ex2_2.java

（3）从键盘输入摄氏温度 C，计算华氏温度 F 的值并输出。其转换公式如下：

$$F = (9/5)\times C+32$$

【参考程序】程序文件名为 ex2_3.java

【说明】此题要注意表达式的写法：9.0 / 5.0 * C + 32

（4）从键盘输入一个实数，获取该实数的整数部分，并求出实数与整数部分的差，将结果分别用两种形式输出：一种是直接输出，另一种是用精确到小数点后 4 位的浮点格式输出。

【参考程序】程序文件名为 ex2_4.java

【说明】精确到小数点后 4 位有多种方法，可以借助标准输出流的 printf()方法提供的格式描述，也可以利用 String 类提供的 format()方法，具体见主教材样例 2-7。还可以利用 DecimalFormat 对象，让数据按格式对象的设置输出。

```
DecimalFormat precision = new DecimalFormat("0.0000");        //精确到小数点后 4 位
System.out.printf("浮点格式为"+ precision.format(x));          //其中 x 为要输出的实数变量
```

第 2 章

第 3 章　流程控制语句

3.1　知　识　要　点

3.1.1　if 语句

条件语句根据条件的真假控制程序的执行流程，编程时注意 if 与 else 的搭配。

1. if 语句的两种形式

（1）无 else 分支。

```
if   (条件表达式)
{
    statement1;
}
```

（2）有 else 分支。

```
if   (条件表达式)
{
    statement1;                //if 块
}
else
{
    statement2;                //else 块
}
```

2. if 语句在使用时要注意的问题

（1）要执行的分支含有多个语句时，一定要用大括号。

（2）if 语句在嵌套时要注意最近匹配原则，else 分支总是与最靠近它的 if 匹配。

（3）在条件表达式中注意逻辑与、或、非的运用。

3.1.2　switch 语句

switch 语句用来表达程序流程中多分支的情形。其功能是根据 switch 表达式的值，查找 case 中与之匹配的值，进而执行相应的语句组。

1. switch 语句的格式

```
switch (表达式) {
```

```
        case 值 1：语句组 1；break;
        case 值 2：语句组 2；break;
            ……
        default: 语句组；
}
```

2. switch 语句在使用时应注意的问题

（1）switch 的表达式结果可以是整数（byte、short、int、long）、字符或字符串。

（2）break 的作用是退出 switch 语句。

（3）default 对应所有 case 不匹配的情形。

（4）JDK14 之后的版本中对 switch 语句使用进行了扩展。可以在一个 case 中用逗号分隔列出多个值，在语句组部分还可以使用 yield 从 switch 退出并返回一个结果值。

3.1.3　循环语句

循环就是反复执行一段代码，直到满足结束条件。循环语句一般包括初始化、循环体、控制变量增值和循环条件判断 4 部分。

1. while 循环

while 循环格式如下：

```
while (条件表达式) {
    循环体；
}
```

while 循环的特点是"先判断、后执行"，循环体有可能执行 0 次。

2. do…while 循环

do...while 循环格式如下：

```
do
{
    循环体；
} while (条件表达式);
```

do...while 循环的特点是"先执行，后判断"，循环体至少要执行 1 次。循环的结尾处，也就是 while 条件之后要添加分号。

在程序设计中尽量不用 do…while 循环，而用 while 循环。

3. for 循环

for 循环格式如下：

```
for (控制变量赋初值；循环条件；控制变量增值) {
    循环体；
}
```

for 循环是将初始化、循环条件、控制变量增值 3 部分均写在 for 语句的头部，执行过程是先做初始化，然后判断是否满足条件，若满足条件则执行循环体，执行完循环体后进行控制变量增值。

for 循环等价于如下 while 循环：

```
控制变量赋初值;
while (循环条件) {
        循环体;
        控制变量增值;
}
```

for 语句在使用时注意以下几点。

（1）初始化部分和控制变量增值部分可以使用逗号语句执行多个操作。

（2）for(;;)表示 3 部分均为空，相当于一个无限循环。

4. 循环中 continue 和 break 语句的作用

（1）continue---跳过之后的语句，继续下一轮循环。

（2）break---直接跳出所处循环体。

（3）带标号的 continue---回到标号指定的那级循环，并在下一轮执行。

（4）带标号的 break---跳出标号指定的那级循环。

3.2　实　验　指　导

3.2.1　实验目的

（1）掌握 if 语句的用法，条件的表达技巧，if 语句的嵌套编程特点。

（2）掌握 switch 语句的使用。

（3）掌握 3 种循环语句的使用，能分析循环的执行过程。

（4）掌握 break 和 continue 语句的使用。

3.2.2　实验内容

1. 样例调试

【基础训练 1】统计 3 位数中不能被 3 或 5 或 7 整除的数的个数。

（1）利用条件或进行表达。

只要能满足被 3 或 5 或 7 整除的数，就不是要统计的，利用 continue 语句跳过统计部分，继续执行下一轮循环。

【参考程序】程序文件名为 Test1.java

```
public class Test1 {
```

```
public static void main(String args[ ]) {
    int count=0;
    for (int n=100;n<=999;n++) {
        if (n%3==0||n%5==0|| n%7==0)
            continue;
        count++;
    }
    System.out.println(count);
}
}
```

【思考】如果将 continue 改成 break 有何差别？

（2）利用逻辑（&&）运算符表达。

利用逻辑（&&）运算符表达符合统计要求的条件，以下程序中条件逻辑的含义是不能被 3 整除，并且不能被 5 整除，并且不能被 7 整除。

```
for (int n=100;n<=999;n++) {
    if ( n%3!=0 && n%5!=0 && n%7!=0 )
        count++;
}
```

【基础训练 2】计算：$1+2^1+2^2+2^3+\cdots+2^n$ （注：n 由键盘输入）。

【目标】学习循环的编写组织技巧。

【参考程序】程序文件名为 Twoadd.java

```
public class Twoadd{
    public static void main(String args[ ]) {
    String str = JOptionPane.showInputDialog("输入整数 n");
        int n = Integer.parseInt(str);
        long sum=1;
        for (int k=1;k<=n;k++) {
            sum = sum +(long)Math.pow(2,k);        //用 Math 类的 pow 方法求 2 的 k 次方
        }
        System.out.println("result="+sum);
    }
}
```

【说明】用循环实现累加，在循环前给累加变量赋初值，在循环内将累加项加到累加变量上。用 Math 类的 pow 方法求 2 的 k 次方，由于该方法返回一个实数，所以要强制转换为 long 型才能累加到 sum 上。

若要利用 Math.pow(2,k)求每个累加项花费的时间，可通过分析累加项的变化规律，引入一个变量 x 记录累加项。注意到前后累加项的关系，可将程序修改如下：

```
long sum=1;                    //保存累加和
long x=1;                      //被加项
for (int k=1;k<=n;k++) {
    x = x * 2;                 //求下一个被加项时，只要在前一项的基础上乘以 2
    sum = sum + x;
}
```

这样求累加项就变成了乘法运算，甚至可将 x=x*2 简单写成 x=x+x 形式的加法运算。

【基础训练 3】输入一个整数，输出该数的二进制表示形式的数字串。

【基本思路】用除以 2 取余的办法将得到的余数拼接为二进制形式数字字符串。

【参考程序】程序文件名为 ConvertToBinary.java

```java
import javax.swing.*;
public class ConvertToBinary {
    public static void main(String[ ] args) {
        String str = JOptionPane.showInputDialog("请输入一个整数：");
        int x = Integer.parseInt(str);
        String result = "";                  //保存结果的字符串
        while(x!=0){
            result = x % 2 + result;         //将得到的余数拼接到结果串中
            x = x/2;
        }
        System.out.println(result);
    }
}
```

实际上，将整数转换为二进制串可通过调用 Integer 类的 toBinaryString()方法来实现，代码如下：

```java
int x = Integer.parseInt(str);
System.out.println(Integer.toBinaryString(x));
```

【综合样例 1】输入一批学生成绩，以-1 作为结束标记。

① 统计这批学生中，不及格、及格、中等、良好、优秀的人数。

② 求这批学生的平均分。

【目标】了解循环和分支控制结构的嵌套处理，掌握计数问题的处理方法。

【分析】这是一个计数和累加问题。学生数量不确定，但有一个结束标记（-1），该问题从总体结构上来说是一个循环处理问题，可采用 while 循环，当输入数据为-1 时结束循环。为了统计各种情况的人数，需要设立相应的计数变量，并给其赋初值 0，另外为了求平均分，必须计算总分，也就是计算出所有学生成绩的累加和，然后除以总人数即可得到平均分。

【参考程序】程序文件名为 Score.java

```java
import java.util.*;
public class Score {
    public static void main(String args[ ]) {
        int s = 0, b = 0, c = 0, d = 0, e = 0, f = 0;    //变量赋初值
        Scanner scan = new Scanner(System.in);
        int a = scan.nextInt();                          //读取一个整数
        while (a != -1) {
            switch (a / 10) {
            case 0, 1, 2, 3, 4, 5:                       // 这种书写格式只有JDK14之后的版本才支持
                b++;
```

```
            break;
        case 6:
            c++;
            break;
        case 7:
            d++;
            break;
        case 8:
            e++;
            break;
        case 9, 10:
            f++;
        }
        s += a;                          //所有学生成绩累加
        a = scan.nextInt();
    }
    int average = s / (b + c + d + e + f);     //求平均
    System.out.println("优秀人数：" + f);
    System.out.println("良好人数：" + e);
    System.out.println("中等人数：" + d);
    System.out.println("及格人数：" + c);
    System.out.println("不及格人数：" + b);
    System.out.println("平均分=" + average);
    }
}
```

【说明】该程序总体结构上是一个循环问题，在循环内部要分情况统计各分数段人数，包含一个 switch 语句。

【综合样例 2】计算平均等车时间。

某长途车从始发站早 6:00 到晚 6:00 每 1 小时整点发车一次。正常情况下，汽车在发车 40 分钟后停靠本站。由于路上可能出现堵车，假定汽车因此而随机耽搁 0～30 分钟。也就是说最坏情况汽车在发车 70 分钟后才到达本站。假设某位乘客在每天的 10:00 到 10:30 之间一个随机的时刻来到本站，那么他平均的等车时间是多少分钟？

可以通过编程多次模拟这个过程，计算输出平均等待的分钟数。精确到小数点后 1 位。

【分析】每次等车时间就是乘客到达本站后多久能等到汽车，实际就是计算乘客和汽车先后到达本站的时间差。由于乘客是在 10:00 到 10:30 之间到达等车站点，汽车每隔 1 小时整点发车 1 次，汽车从起点到达本站的最少时间是 40 分钟。所以，最早时乘客可以等到 9 点发出的车，如果错过，则只好等 10 点发出的车。可以将 9 点作为相对时间计算的基点，分别计算乘客和两趟汽车到达本站所需的分钟数。引入变量 s1 模拟 9 点出发的车到达本站的分钟数，所以 s1 的值为"40 + Math.random()*30"，引入 s2 模拟 10 点出发的车到达本站相对 9 点的分钟数，所以 s2 的值为"100+ Math.random()*30"，引入 s3 模拟乘客到达本站相对 9 点的分钟数，所以 s3 的值为"60+ Math.random()*30"。

【参考程序】程序文件名为 WaitBus.java

```
public class WaitBus {
```

```java
    public static void main(String args[ ]) {
        double waitTime;                                    //每次等车时间
        double totalTime = 0;                               //用于累加总的等车时间
        final int n = 10000;                                //等车次数
        for (int k = 0; k < n; k++) {
            double s1 = 40 + Math.random() * 30;            //9 点出发的车到达时间点
            double s2 = 100 + Math.random() * 30;           //10 点出发的车到达时间点
            double s3 = 60 + Math.random() * 30;            //乘客 10:00 至 10:30 之间到达
            if (s1 - s3 > 0)                                //是否 9 点出发的车晚于乘客到达本站
                waitTime = s1 - s3;                         //赶上 9 点出发的车
            else
                waitTime = s2 - s3;                         //只能等 10 点出发的车
            totalTime += waitTime;
        }
        System.out.printf("平均等车时间=%.1f 分", totalTime / n);
    }
}
```

【运行结果】

平均等车时间=37.5 分钟

【说明】用随机数来模拟概率问题，程序运行结果不固定，但变化范围不大。

2. 编程练习

（1）编程统计所有的 3 位正整数中满足如下条件的数的个数，条件是各位数字之和为 3 的倍数。

（2）鸡兔同笼，已知鸡兔共有 50 只，共有 140 只脚，求解鸡有几只？兔子有几只？

（3）计算 3 和 100 之间的数是否符合角谷猜想。

角谷猜想：任何正整数 n，如果是偶数，则除以 2；如果是奇数，则乘以 3 加 1，得到一个新数，继续这样的处理，最后得到的数一定是 1。

3.3 习 题 解 析

1. 选择题

（1）C   （2）C   （3）B   （4）C   （5）D   （6）B

2. 写出以下程序的运行结果

程序 1：

```
red
```

程序 2：

```
i=1  j=1
i=2  j=1
```

i=2　j=2

程序 3:

0 1 2 3 4 　（注意程序存在无限循环）

程序 4:

True

程序 5:

d=1

程序 6:

1

程序 7:

x=0,y=2,z=1

程序 8:

result=95632

程序 9:

i=1,j=0

3．编程题

（1）从键盘输入一个整数，根据其是奇数还是偶数分别输出 odd 和 even。

【参考程序】程序文件名为 ex3_1.java

【说明】将整数除以 2 求余数，看能否除尽来确定奇偶。

（2）从键盘输入 3 个整数，按由小到大的顺序排列输出。

【参考程序】程序文件名为 ex3_2.java

【说明】根据输入整数用条件嵌套进行比较，输出各分支的结果序列。

（3）从键盘输入 a、b、c 共 3 个实数，计算方程 $ax^2+bx+c=0$ 的根。

【参考程序】程序文件名为 ex3_3.java

【说明】按照数学解法先求 $\Delta=b^2-4ac$ 的值，根据其值进行判定处理。

（4）运输公司对用户计算运费；路程越远，折扣越高，标准如表 3-1 所示。

表 3-1　运费计算标准

路程 s/km	折扣/%
s<250	0
250≤s<500	2
500≤s<1000	5

续表

路程 s/km	折扣/%
1000≤s<2000	8
2000≤s<3000	10
s≥3000	15

　　设每吨千米货物的基本运费为 price，货物重量为 weight，距离为 s，折扣为 discount，则运费 freight 的计算公式为：

$$freight = price*weight*s*(1-discount)$$

从键盘输入 price、weight 和 s 的值，计算总运费。

【参考程序】程序文件名为 ex3_4.java

（5）利用下式求 e^x 的近似值

$$e^x = 1+\frac{x}{1!}+\frac{x^2}{2!}+\frac{x^3}{3!}+\cdots\frac{x^n}{n!}+\cdots$$

输出 x 为 0.2 和 1.0 之间步长为 0.2 的所有 e^x 值（计算精度为 0.000 01）。

【参考程序】程序文件名为 ex3_5.java

【说明】外循环控制 x 的变化范围，内循环求 e^x 的值，所求问题在内循环中是一个累加问题，注意分子和分母的递推变化规律，以及循环的结束条件。输出时利用 printf() 的格式描述来控制计算结果，按精确到小数点后 5 位的形式输出。

（6）设有一条绳子，长 2000 m，每天剪去三分之一，计算多少天后长度变为 1 cm。

【参考程序】程序文件名为 ex3_6.java

【说明】用当型循环实现，循环结束条件是长度≤1 cm，但要注意 cm 和 m 之间的换算问题，1 cm 等于 0.01 m。同时注意计数处理。

（7）计算 n 至少多大时，以下不等式成立。

$$1+1/2+1/3+\cdots+1/n>6$$

【参考程序】程序文件名为 ex3_7.java

【说明】用当型循环去计算累加和，循环结束条件是求得的和大于 6。

（8）编写一个程序，从键盘输入 10 个整数，将最大、最小的整数找出来并输出。

【参考程序】程序文件名为 ex3_8.java

【说明】先以第一个数作为目标结果，后续数通过循环组织和目标结果进行比较。

（9）百鸡百钱问题。公鸡每只 3 元，母鸡每只 5 元，小鸡 3 只 1 元，用 100 元钱买 100 只鸡，公鸡、母鸡、小鸡应各买多少只？

【参考程序】程序文件名为 ex3_9.java

【说明】分别用 x、y、z 三个变量代表公鸡、母鸡、小鸡数量，分析确定各变量的数据变化范围，小鸡的数量 z 可以由 100-x-y 确定，因此只需要用二重循环去试。

（10）用二重循环输出九九乘法表。注意用制表符"\t"实现结果的对齐显示。

【参考程序】程序文件名为 ex3_10.java

（11）输入一个整数，判断该数是否为降序数，如果是则输出 true，否则输出 false。

所谓降序数，是指该数的各位数字从高到低逐步下降（包括相等）。例如，5441 是降序数，但 363 不是。

【参考程序】程序文件名为 ex3_11.java

【说明】组织循环由低位到高位的次序遍历一个整数的各位数字。利用标记变量 flag 来标记是否满足降序，在循环中发现不符合降序情形时将标记变量置为 false。

（12）有 N 个人参加 100 m 短跑比赛。跑道为 8 条。程序的任务是按照尽量使每组的人数相差最少的原则分组。例如：N=8 时，分成 1 组即可。N=9 时，分成 2 组：一组 5 人，一组 4 人。要求从键盘输入一个正整数 N。输出每个分组的人数。

【参考程序】程序文件名为 ex3_12.java

【说明】按照分组原则，人数多的组和人数少的组最多也就相差 1 人。首先确定组数 r 的值为（N+7）/8。人数少的组每组人数是 N/r，人数多 1 个的组数 u 的值为 N%r，人数少的组数就是 r−u。

第 3 章

第 4 章　数组与方法

4.1　知　识　要　点

4.1.1　数组的定义与分配空间

（1）定义数组时方括号的位置可在数组名前，也可在数组名后。例如，"int a[] ;"等价于"int [] a;"。

（2）给数组分配空间的办法：

❑　通过 new 运算符，如"a = new int[10];"。

❑　给数组赋初值将自动给数组分配空间，如"int b[]={1,2,3,4,5,3,4,6,7,3};"。

（3）关于数组元素的默认初值问题

基本类型数组元素中存放的是数据本身，而引用类型的数组元素中存放的是对象的引用，基本类型数组在分配空间后，不论数组在什么位置定义，均按基本类型变量的默认值规定赋初值，而引用类型数组在分配空间后默认初值为 null。

（4）数组的大小用 length 属性可求得，一维数组的第 1 个元素的下标为 0。一维数组元素的最大下标为其 length-1。

（5）二维数组可看作数组的数组，每个元素的下标包括行列位置。

4.1.2　数组的访问

（1）用一重循环可遍历访问一维数组的所有元素，例如，以下语句给数组 a 的所有元素赋值为 0。

```
for (int k=0;k<a.length;k++)
    a[k]=0;
```

也可用增强 for 循环来遍历访问数组。以下语句用循环输出整型数组 a 的所有元素值。

```
for ( int x:a)
    System.ou.println(x);
```

（2）二维数组的遍历可用二重循环来处理，例如，以下语句给二维数组 x 的所有元素值增加 1。

```
for (int i=0;i<x.length;i++)
    for(int j=0;j<x[i].length;j++)
        x[i][j]++;
```

（3）java.util.Arrays 类中封装了对数组进行处理的方法。

❑ Arrays.sort(a)：对一维数组 a 的元素进行排序。

❑ Arrays.toString(a)：方法返回结果为一维数组 a 的字符串描述。

❑ Arrays.deepToString(b)：方法返回结果为二维数组 b 的字符串描述。

4.1.3　命令行参数数组

（1）命令行参数数组就是 main()方法的参数，在调试程序时，其对应的输入串可以含双引号，也可以没有，双引号括住的部分为一个参数串，在双引号外的空格作为串之间的分隔符。

（2）命令行参数数组的实际大小由命令行中输入数据的个数决定。

（3）程序运行时如果未输入任何参数，则访问命令行参数的数组元素将出现数组访问出界异常。

4.1.4　方法的定义

方法是程序中完成特定功能的程序段，通过定义和调用方法可实现代码复用，使整个应用代码结构清晰。

方法的定义格式如下：

```
修饰符 1 修饰符 2 ... 返回值类型 方法名(形式参数表) [throws 异常列表 ]
{
        方法体
}
```

在具体方法设计时要注意如下几点。

（1）方法头定义方法的访问特性（public 等修饰）、使用特性（static）、返回类型、名称、参数、抛出异常等。

（2）方法体实现方法的功能。

（3）除了构造方法，方法均需要定义返回类型，如果方法无返回值，则用 void 标识。

（4）方法体中 return 语句用于将方法的结果返回给调用者。其返回结果要符合方法头规定的返回值类型。

（5）对于程序中的每个方法要添加注释，说明方法的功能以及关键实现描述。

4.1.5　方法的调用

方法调用的形式如下：

```
方法名(实际参数表)
```

其中，实参可以是常量、变量或表达式。相邻的两个实参之间用逗号分隔。实参的个数、类型、顺序要与形参对应一致。

方法调用的执行过程是，首先将实参传递给形参，然后执行方法体。方法返回后，从调用该方法的下一个语句继续执行。

4.1.6　方法的参数传递

Java 方法的参数传递的特点是将实参单元的内容传递给形参单元。根据参数类型分以下两种情形：

❑　如果参数为基本类型数据，则实参和形参单元存储的均为数据本身。参数传递就是将实参的数据复制给形参单元，在方法内修改形参的值，不影响实参。

❑　如果参数为数组或对象，则参数单元存放的是引用地址，也就是将实参单元存放的地址复制给形参，这样实参和形参将指向同一数组或对象。在方法内对形参数组或对象的操作访问，实际上就是操作实参数组或对象。因此，在方法内修改形参所代表对象的内容将影响实参。

把数组作为参数可编写对数组操作的一些通用程序，如求所有元素的平均值，将数组排序等。方法定义中的可变长参数只能是最后一个形参，可变长形参对应的实参个数可以是 0 到多，可变长参数对应的实参还可以是数组。

4.1.7　递归问题

递归就是方法定义中在方法内直接或间接调用方法自己。

任何递归问题均要注意有一个特殊停止点，也就是要有一个不再调用方法自己的出口。例如，求阶乘的递归方法。

```java
public static int fac(int n) {
    if (n==1)
        return 1;                    //不再递归的出口
    else
        return   n * fac(n-1);       //递归调用方法自己
}
```

【注意】递归方法内要先写特殊情形，后写递归情形。递归可以让某些问题表达简练，但由于递归的运行效率差，通常程序的编写中不建议使用递归。

4.2　实　验　指　导

4.2.1　实验目的

（1）掌握一维数组、二维数组的定义、存储分配以及赋初值的方法，熟悉利用循环实现数组的赋值、输出以及处理的编程方法。

（2）掌握方法的定义与调用关系，理解方法定义的优势，加深对方法的参数传递与返回类型的理解。熟悉数组方法参数传递的特点。

（3）了解命令行参数数组的使用。

4.2.2　实验内容

1. 样例调试

【基础训练 1】一维数组的定义与使用。

【目标】掌握数组的定义与赋值访问。

（1）定义一个含 20 个元素的整型数组并将数组内容输出。

【参考程序】程序文件名为 Test1.java

```
public class Test1 {
    public static void main(String args[ ]) {
        int x[ ] = new int[20];
        for (int k = 0; k < x.length; k++)
            System.out.print(x[k] + "   ");
        System.out.println();
    }
}
```

调试程序，观察运行结果。总结数组的初值，掌握遍历访问数组的方法。

【思考】如果将数组元素类型改为 String，则输出结果会有何变化？

（2）增加代码，利用随机函数产生三位数给数组赋值，观察输出结果。

三位数产生办法：100+(int)(Math.random( )*900)

（3）增加代码，求所有元素的平均值，并输出结果。

（4）增加代码，求所有元素的最大值和最小值，并输出结果。

（5）增加代码，用如下增强 for 循环输出数组的所有元素。

```
for ( int e:x)
    System.out.print( e+ "   ");
System.out.println();
```

（6）增加以下代码，观察 Arrays 类的方法使用。

```
System.out.println(x);                    //直接输出数组
Arrays.sort(x);                           //排序
System.out.println(Arrays.toString(x));   //将数组转化为字符串
```

分析输出结果，总结 Arrays 类的作用。

【基础训练 2】二维数组的使用。

【目标】掌握二维数组的定义以及对数组的操作访问。

（1）定义 4 行 5 列的整型数组，给数组赋值并输出。

【参考程序】程序文件名为 Test2.java

```
public class Test2 {
    public static void main(String args[ ]) {
        int x[ ][ ] = new int[4][5];
        for (int row = 0; row < x.length; row++) {
            for (int col = 0; col < x[row].length; col++) {
                x[row][col] = (int) (Math.random() * 50);
                System.out.print(x[row][col] + "\t");
            }
            System.out.println();
        }
    }
}
```

（2）增加如下代码，用如下增强 for 循环输出数组的所有元素。

```
for (int[ ] row : x) {
    for (int col : row)
        System.out.print(col + "    ");
    System.out.println();
}
```

（3）增加如下代码，理解 Arrays 类的 deepToString()方法的使用。

```
System.out.println(Arrays.toString(x));
System.out.println(Arrays.deepToString());
```

【基础训练 3】方法的定义与调用。

【目标】掌握基本类型和引用类型的方法参数传递特点，了解可变长参数的使用。

（1）调试以下程序，理解基本类型参数传递。

【参考程序】程序文件名为 Test3.java

```
public class Test3 {
    static void swap(int x,int y) {
        int temp = x;
        x = y;
        y = temp ;
        System.out.println(x+ " , "+y);
    }

    public static void main(String args[ ]) {
        int m = 24 , n = 28;
        swap(m,n);
        System.out.println(m+ " , "+n);
    }
}
```

【思考】为何 m、n 的值在调用方法后没有变化？总结基本类型参数的传递特点。

（2）调试以下程序，理解引用类型参数传递。

【参考程序】程序文件名为 Test4.java

```
public class Test4 {
    static void swap2(int x[ ]) {
        int temp = x[0];
        x[0] = x[1];
        x[1] = temp;
    }

    public static void main(String args[ ]) {
        int m[ ] = { 23 , 40 } ;
        System.out.println(m[0]+ " , "+m[1]);
        swap2(m);
        System.out.println(m[0]+ " , "+m[1]);
    }
}
```

【思考】为何方法调用前和调用后，数组 m 的结果不同？总结引用类型参数的传递特点。

（3）定义一个方法求两个整数的最大公约数。

【参考程序】程序文件名为 Test5.java

```
public class Test5 {
    private static int comm(int x,int y) {
        //用 1 到 min(x,y)之间的数去除以 x,y,均能除尽的最大的一个数即为所求
        for (int k= Math.min(x,y); k>1; k--)
          if (x%k==0 && y%k==0)
              return k;
        return 1;
    }

    public static void main(String args[ ]) {
        System.out.println(comm(24,78));
        System.out.println(comm(6,9));
    }
}
```

【思考】

① 为什么循环设计为先尝试数据范围中较大的数？

② 分析 return 语句的作用、执行特点。

③ 总结方法的结果的类型定义与返回处理特点。

④ 定义一个方法求任意多个实数的平均值。

【参考程序】程序文件名为 Test6.java

```
/* 本程序演示可变长参数的应用 */
```

```java
public class Test6 {
    static double average(double... x) {
        double s = 0;
        for (double a : x)
            s += a;
        return s / x.length;
    }

    public static void main(String args[ ]) {
        System.out.printf("%.2f\n", average(24, 78, 45, 4));
        System.out.printf("%.2f\n", average(6.1, 9.4, 4.4));
    }
}
```

观察输出结果，修改程序，分别测试实参为无参和数组情形的结果。

分析程序中给可变长参数传递实参数据的语句有哪些特点。

【综合样例 1】设有一个一维数组存放 1 和 20 之间不重复的数值，产生一个新的数组存放原来数组元素乱序处理后的数据。

【目标】掌握数组作为方法参数的应用设计及 Arrays 类的使用。

【参考程序】程序文件名为 Test7.java

```java
import java.util.*;
public class Test7 {
    public static void main(String args[ ]) {
        int x[ ] = new int[20];
        for (int k = 1; k <= x.length; k++)
            x[k - 1] = k;                           //数组元素存放的数值递增
        int result[ ] = disorder(x);                //进行乱序处理
        System.out.println(Arrays.toString(result));
    }

    public static int[ ] disorder(int x[ ]) {        //乱序不改变原来参数数组
        int data[ ] = Arrays.copyOf(x, x.length);   //将 x 数组复制粘贴到 data 中
        for (int k = 0; k < data.length; k++) {
            int r = (int) (Math.random() * data.length);
            if (r != k) {
                int temp = data[k];
                data[k] = data[r];
                data[r] = temp;
            }
        }
        return data;
    }
}
```

【思考】如果要对参数数组自身进行乱序处理，方法返回改为 void，则方法应如何设计？

【综合样例 2】矩阵相乘 $C_{n \times m} = A_{n \times k} \times B_{k \times m}$

　　矩阵 C 的任意一个元素 $C(i, j)$ 的计算是将 A 矩阵第 i 行的元素与 B 矩阵第 j 列的元素对应相乘的值累加。公式表示如下：

$$C(i, j) = \sum_{p=0}^{k-1} A(i, p) * B(p, j)$$

　　其中，i 的变化范围为 $0 \sim (n-1)$；j 的变化范围为 $0 \sim (m-1)$；p 的变化范围为 $0 \sim (k-1)$，所以，矩阵相乘需要用三重循环来实现。

【参考程序】程序文件名为 MatrixMultiply.java

```java
public class MatrixMultiply {
    public static void main(String args[ ]) {
        int a[ ][ ] = { {1,0,3},{2,1,3 }};                  //2 行 3 列
        int b[ ][ ] = { {4,1,0},{-1,1,3},{2,0,1}};          //3 行 3 列
        int c[ ][ ] = new int[2][3];                        //2 行 3 列
        int n = a.length, k = b.length, m = b[0].length;
        System.out.println("***** Matrix A *****");         //输出矩阵 A
        for (int i = 0; i < n; i++) {
            for (int j = 0; j < k; j++)
                System.out.print(a[i][j] + "\t");
            System.out.println();
        }
        System.out.println("***** Matrix B *****");         //输出矩阵 B
        for (int i = 0; i < k; i++) {
            for (int j = 0; j < m; j++)
                System.out.print(b[i][j] + "\t");
            System.out.println();
        }
        /*  计算 C=A×B */
        for (int i = 0; i < n; i++) {
            for (int j = 0; j < m; j++) {
                c[i][j] = 0;
                for (int p = 0; p < k; p++)
                    c[i][j] += a[i][p] * b[p][j];
            }
        }
        System.out.println("*** Matrix C=A×B ***");          //输出矩阵 C
        for (int i = 0; i < n; i++) {
            for (int j = 0; j < m; j++)
                System.out.print(c[i][j] + "\t");
            System.out.println();
        }
    }
}
```

【运行结果】

***** Matrix A *****

```
1        0        3
2        1        3
***** Matrix B *****
4        1        0
-1       1        3
2        0        1
*** Matrix C=A×B ***
10       1        3
13       3        6
```

2. 编程练习

（1）利用随机函数产生 100 个值为 50 以内的整数，并用这些整数给一维数组赋值。

① 输出该数组，每行 5 个数据输出。

② 求最大元素值，并指出它在数组中所有出现位置。

（2）从命令行参数中获取一个 1 和 12 之间的整数，根据该整数的值，输出对应月份的中文名称。例如，1 输出"一月"，2 输出"二月"。

（3）利用随机数产生若干整数给一个 5 行 5 列的二维数组赋值，求该数组对应矩阵的转置矩阵，求转置后矩阵的主对角线元素之和。输出原始矩阵以及上述求解结果。

4.3　习　题　解　析

1. 选择题

（1）B　　　　（2）B　　　　（3）C　　　　（4）B

2. 写出以下程序的运行结果

程序 1：

```
123
45
```

程序 2：

```
s=8
```

程序 3：

```
1
3
5
7
```

程序 4：

```
6
```

程序 5：

6

3. 编程题

（1）输入一个班的成绩，写入一维数组中，求最高分和平均分，并统计各分数段的人数。其中分数段有不及格（<60）、及格（60～69）、中（70～79）、良（80～89）、优（≥90）。

【参考程序】程序文件名为 ex4_1.java

【说明】该题是典型的对批量数据的统计处理问题，包括计数、累加和求最大值等问题。组织循环遍历访问各个数组元素，在循环中通过条件处理进行统计。分别引入变量记录最高分、各分数段人数以及成绩累计值等。

（2）幻方是一个 3 阶以上的方阵，每个元素值不同，且它的每一行之和、每一列之和、左对角线之和以及右对角线之和都等于一个相同的数。编写一个程序，验证输入的 3 阶矩阵是否为幻方。以下为两组验证数据。

4	9	2	47	113	17
3	5	7	29	59	89
8	1	6	101	5	71

【参考程序】程序文件名为 ex4_2.java

【说明】幻方的条件是任意两个元素值不同，且各方向元素的累加和相等。要判断是否出现元素值重复必须两两比较，为此将二维数组的元素存入一个一维数组中进行比较处理。而判定各方位的累加和是否为定值的办法之一是：先求次对角线元素和，再用循环对每行之和、每列之和进行检查，最后对主对角线元素和进行检查，如果均满足元素和相等且二维数组中无元素重复，则为幻方。

（3）编写一个方法，求 3 个数中的最大值，并调用该方法求从命令行参数中获得的任意 3 个整数中的最大者。

【参考程序】程序文件名为 ex4_3.java

【说明】先设计求 3 个整数中的最大数的方法，参数是 3 个整数，方法内对 3 个整数进行比较，方法的返回结果为最大值。在 main()方法内，通过命令行参数得到的字符串数据转换为整数，在输出语句中将求 3 个整数的函数调用结果输出。

（4）编写一个方法，利用选择排序按由小到大的顺序实现一维数组的排序，并验证方法。与交换排序的不同之处在于，选择排序在每遍比较的过程中，不急于进行交换，而是先确定最小元素的位置，在每遍比较完后，再将最小元素与本遍最小值需存放位置的元素进行交换。

【参考程序】程序文件名为 ex4_4.java

（5）编写一个方法，判断一个数是否为素数，返回布尔值。利用该方法验证哥德巴赫猜想：任意一个不小于 3 的偶数可以拆成两个素数之和。不妨将验证范围缩小到 3～100。

【参考程序】程序文件名为 ex4_5.java

【说明】每个偶数 n 的拆法用循环去试，将 n 拆成 i 和 n-i，要求 i 和 n-i 均为素数，i 的变化范围是 2～(n-1)，这就是内循环的循环变量取值范围。而外循环的控制变量就是 n，其取值范围是 4～100，注意循环控制变量的每次迭代增值是 2。

（6）利用求素数的方法，找出 3～99 的所有姐妹素数。所谓姐妹素数，是指两个素数为相邻奇数。

【参考程序】程序文件名为 ex4_6.java

【说明】找出一定范围内满足条件的姐妹素数，总体上是一个循环问题，要测试的数均为奇数，所以循环控制变量 n 的初值为奇数且增值为 2。找出姐妹素数，条件的写法是关键，要满足 n 和 n+2 同时是素数。

（7）利用命令行参数输入一个整数 n（2～9），输出含 n 行的数字三角形。以下是 n 的值为 4 时输出的三角形。

<pre>
       1
      222
     33333
    4444444
</pre>

【参考程序】程序文件名为 ex4_7.java

【说明】命令行参数就是 main()方法的参数数组，注意在 DOS 环境下和在 Eclipse 环境下调试程序时提供命令行参数的办法不同。

（8）编写并验证如下方法：
① 求一维数组中的最大元素值。
② 求一维数组所有元素的平均值。
③ 查找某个数据在数组中出现的位置。

【参考程序】程序文件名为 ex4_8.java

【说明】方法设计时注意所要求的参数定义和方法返回结果类型。由于数组长度可用 length 属性获得，可方便组织循环来访问一维数组的各个元素。

（9）利用命令行参数输入两个整数，求它们的和与积。

【参考程序】程序文件名为 ex4_9.java

（10）利用随机函数产生两位数以内的随机整数给一个 5 行 6 列的二维数组赋值。按行、列输出该数组，并求其最外一圈元素之和。

【参考程序】程序文件名为 ex4_10.java

【说明】二维数组通常采用二重循环来遍历访问其元素，外循环控制行变化，内循环控制列变化；求最外一圈元素之和的关键是找出最外一圈元素的特征。

第 4 章

第 5 章　类 与 对 象

5.1　知 识 要 点

5.1.1　类的定义

类由成员变量（也称属性）和成员方法组成。属性包括常量和变量，方法则包括构造方法和一般方法。习惯上，类的成员按如下次序排列：

```
class Order
{
    // final  属性
    // 属性
    // 构造方法
    // 方法
}
```

通常，类的属性定义为私有的（private），而类的方法定义为公开的（public）。

5.1.2　对象创建与构造方法

类是创建对象的模板，而对象是类的实例，创建对象时将用到构造方法，系统自动调用参数匹配的构造方法为对象初始化。创建对象要用到 new 运算符，创建一个对象给引用变量赋值的格式如下：

引用变量= new 构造方法（实际参数列表）

有关构造方法有以下几点说明：

（1）构造方法的名称必须与类名同名，构造方法没有返回类型。

（2）一个类可以提供多个构造方法，这些方法的参数不同。

（3）如果程序中未提供构造方法，系统会自动提供空的无参构造方法。

5.1.3　通过对象引用访问对象成员

对象创建后，将对象的引用赋值给某个引用变量，就可以通过该变量访问对象的成员属性和方法。成员的调用通过"."运算符实现，格式如下：

对象名.属性

对象名.方法（参数）

5.1.4　用 static 修饰定义类成员

带有 static 修饰的属性称为静态属性或类变量；带有 static 修饰的方法称为静态方法。归纳起来，具有 static 修饰的成员均属于类成员，访问类成员一般通过类名访问（在自己类中也可以直接访问）。而不带 static 修饰的成员为对象成员，访问对象成员需要借助对象引用变量。图 5-1 中对类的成员划分进行了归纳。

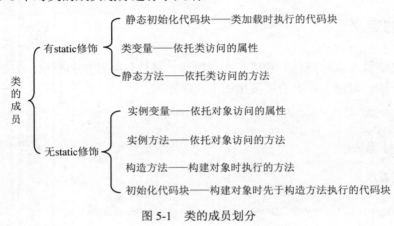

图 5-1　类的成员划分

5.1.5　使用 this

this 出现在类的实例方法或构造方法中，用来代表使用该方法的对象。this 的用途主要包含以下几种情形：

（1）当实例变量和局部变量名称相同时，用 this 作为前缀来特指访问实例变量。

（2）把当前对象的引用作为参数传递给另一个方法。

（3）在一个构造方法中调用同类的另一个构造方法，形式为：this（参数）。若用 this 调用构造方法，则该语句必须是方法体中的第一个语句。

5.2　实　验　指　导

5.2.1　实验目的

（1）了解类的成员设计。

（2）掌握类与对象的关系。

（3）理解静态方法与实例方法的使用差异。

5.2.2 实验内容

1. 样例调试

【基础训练 1】循序渐进地了解对象知识。

【目标】了解对象与对象引用的关系。

（1）构建 Point 类。

【参考程序】程序文件名为 Point.java

```
public class Point {
    int x,y;
}
```

（2）创建对象。

```
public static void main(String args[ ]) {
    Point a = new Point( );              //用系统提供的默认构造方法创建对象
    System.out.println(a);
}
```

观察输出结果是否为对象的引用地址，记录实验结果。

（3）编写一个 toString()方法。

```
public String toString( ) {
    return   x + "," + y;
}
```

观察输出结果，思考结果产生的原因。

（4）在 main()方法中添加如下代码，定义引用变量 b，让 b 和 a 引用同一对象。

```
Point   b = a;
a.x = 5;
System.out.println(b);
```

观察结果，理解变量 a 和变量 b 的关系。

（5）定义构造方法。

```
public Point(int x1,int y1) {
    x = x1;
    y = y1;
}
```

理解构造方法的作用是给属性变量赋值。

（6）用新定义的构造方法创建对象，改变引用变量 b，让其指向新建对象。

```
b = new Point(8,3);
```

输出 a，b，观察有何变化，在实验报告上画图表示，体会对象与对象引用的关系。

（7）定义一个对象数组 c。

```
Point c[ ] = {a,b};
```

输出 c[0],c[1];

（8）定义一个更大的数组。

```
Point c[ ] = new Point[8];
c[0] = a; c[1] = b;
```

用以下代码循环输出整个数组。

```
for (int k=0;k<c.length;k++)
    System.out.println(c[k]);
```

观察结果，分析总结对象数组元素的赋值特点。

（9）添加如下代码：

```
c[6] = new Point(4,6);
```

重新观察输出结果。

（10）添加如下代码：

```
c[7] = new Point( );
```

观察编译错误，体会默认构造方法在什么时候系统会自动提供。

（11）编写无参构造方法。

```
public Point( ) {
    this(10,10);                        //用 this 调用另一构造方法，等价于 x=10；y=10
}
```

重新观察输出结果，注意 c[0]和 c[7]的值。

（12）将有参构造方法的参数名定为 x,y，则程序做如下修改：

```
public Point(int x,int y) {
    this.x = x;
    this.y = y;
}
```

理解 this 的作用。

【思考】toString()方法能否写成如下形式?

```
public String toString() {
    return this.x + "," + this.y;
}
```

这里可以省略前缀 this 直接写 x，y，程序的功能也是访问当前对象的 x，y 属性。

【基础训练 2】类成员与对象成员。

【目标】理解类成员和对象成员的访问特点。

（1）没有 static 修饰的成员为对象成员。

【参考程序】程序文件名为 Counter.java

```java
public class Counter {
    int value;    //对象属性

    public static void main(String args[]) {
        Counter c1 = new Counter();
        Counter c2 = new Counter();
        c1.value++;
        System.out.println(c1.value);
        System.out.println(c2.value);
    }
}
```

观察输出结果，给出解释。画图表示两个对象内容。

（2）在静态方法中能直接访问实例变量吗？

在 main()方法中增加一条输出语句，直接输出 value 值。

```java
System.out.println(value);
```

分析编译错误指示，解析错误原因。

（3）将 value 属性改为 static 修饰，新的程序代码如下：

```java
public class Counter {
    static int value; // 类成员属性

    public static void main(String args[ ]) {
        Counter c1 = new Counter();
        Counter c2 = new Counter();
        c1.value++;
        c2.value += 2;
        value += 3;
        System.out.println(c1.value);
        System.out.println(c2.value);
    }
}
```

观察输出结果，给出解释。

（4）在实例方法中能访问类成员吗？

在 Counter 类中增加一个实例方法。

```java
public void incValue( int x){
    value += x;
}
```

在 main()方法中增加两行代码，调用该方法并输出结果。

```
incValue(5);
System.out.println(value);
```

观察编译结果，分析原因。归纳总结类成员和对象成员的使用差异。

【基础训练 3】程序不同位置定义变量的访问。

【目标】理解变量作用域。

（1）理解成员变量的作用域。

【参考程序】程序文件名为 ScopeTest.java

```
public class ScopeTest {
    int x = 100;

    void m() {
        System.out.println(x);                          //访问成员变量
    }

    public static void main(String args[ ]) {
        ScopeTest x = new ScopeTest();                  //这个 x 为局部变量
        x.m();
    }
}
```

观察输出结果，理解成员变量 x 的作用域是整个类。

（2）在类中增加含一个整型参数的 m()方法。

```
void   m(int x) {
    x++;
    System.out.println(x);
}
```

在 main()方法中增加一行用 m(5)调用该 m()方法的代码，观察并记录结果，给出解释。
理解在方法内同名的局部变量 x 将隐藏成员变量 x。

（3）在类中再增加一个带两个整型参数的 m()方法。

```
void   m(int a , int b) {
    for (int x = 1; x<3 ;x++)
        System.out.println(x);
    System.out.println(a + b);
    System.out.println(x);
}
```

在 main()方法中增加一行用 m(7,8)调用该 m()方法的代码,观察并记录结果,给出解释。
修改上面代码中的 for 循环，将变量 x 的定义放置到 for 循环前，如下所示：

```
int   x;
for ( x = 1; x<3 ; x++)
```

其他不变，再观察程序的执行结果，给出解释。

理解循环内定义的变量只在循环内有效，但方法内定义的变量在整个方法内有效。

【综合样例 1】教室类设计。

【目标】理解类的属性和方法设计。

【参考程序】程序文件名为 ClassRoom.java

```java
public class ClassRoom {
    String name ;                        //教室名称
    int size;                            //教室大小

    public ClassRoom(String n , int s){
        name = n;
        size = s;
    }

    public String toString(){
        return "教室: " + name + "的座位数:" + size;
    }

    public static void main(String args[ ]) {
        ClassRoom x[ ] ={new ClassRoom("14-102",60), new ClassRoom("14-301",80),
                new ClassRoom("15-401",100)};
        for (int k=0;k<x.length;k++)
            System.out.println(x[k]);
    }
}
```

分析该类有哪些成员。

利用 Eclipse 工具的 Source 菜单提供的功能给程序添加如下方法：

（1）给所有属性添加 getter()和 setter()方法。

（2）添加一个无参构造方法。

【综合样例 2】链表（见图 5-2）的每个结点定义如下：

```java
class Node {
    int data;
    Node next;
}
```

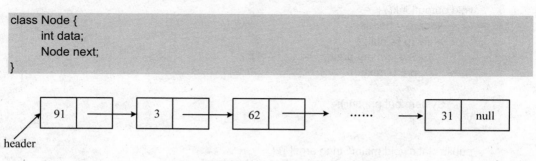

header

图 5-2　链表的图示

创建一个初始为 10 个结点的单向链表，结点数据用随机函数产生。

（1）输出该链表。

（2）分别在首尾增加一个数据值为 100 的结点，输出链表。

【目标】了解用 Java 类表达链表的实现方法。

【分析】可利用引用变量的特性来构造链表，在利用构造方法创建一个对象后，将返回对象的引用，将对象赋值给某个引用变量实际就是将该引用变量指向该对象。在引用变量中存储的是对象的地址值，这个值是计算机内部产生的，可以不去关心它，只要知道引用变量和对象的关系即可。所以，Node 类的 next 域可以表示下一个结点的地址，也就是指向下一个结点对象。为了访问链表，必须用一个变量（header）记录下链表的首结点。

【参考程序】程序文件名为 Link.java

```java
class Node {
    int data;                                   //数据域
    Node next;                                  //链域，存放下一个结点的引用
}

public class Link {
    Node header;

    /* 构建含 n 个结点的链表，链表的头用 header 指示 */
    public Link(int n) {
        Node p, q;              //用于链表的推进，p 为链表中当前最后结点，q 为要新加的结点
        header = new Node();                    //创建首结点
        header.data = (int) (Math.random() * 100);    //给首结点的 data 域赋值
        p = header;
        for (int k = 1; k <= n - 1; k++) {
            q = new Node();                     //创建一个新结点
            q.data = (int) (Math.random() * 100);
            p.next = q;                         //将本结点链接添加到链表中
            p = q;
        }
    }

    /* 输出链表的所有元素的数据 */
    void outputLink() {
        Node p = header;
        while (p != null) {
            System.out.print(p.data + "-->");
            p = p.next;
        }
        System.out.println();
    }

    public static void main(String args[ ]) {
        /* 创建含 10 个元素的链表，并输出该链表 */
        Link x = new Link(10);
        x.outputLink();                             //输出链表
        /* 创建一个数据为 100 的新结点，放到链表的头部 */
        Node q = new Node();
        q.data = 100;
```

```
        q.next = x.header;
        x.header = q;
        x.outputLink();                    //输出链表
        /*  在链表的尾部增加一个 data 值为 100 的新结点  */
        Node p = x.header;
        while (p != null) {                //通过遍历链表，将 q 定位到最后一个结点
            q = p;
            p = p.next;
        }
        p = new Node();
        p.data = 100;
        q.next = p;                        //q 的下一个结点为新建结点
        x.outputLink();                    //输出链表
    }
}
```

【运行结果】

```
91-->3-->62-->67-->60-->34-->39-->80-->44-->31-->
100-->91-->3-->62-->67-->60-->34-->39-->80-->44-->31-->
100-->91-->3-->62-->67-->60-->34-->39-->80-->44-->31-->100-->
```

【注意】

（1）要始终用一个变量指向链表的头。

（2）遍历链表要用两个变量，分别指向链表的相邻结点，以方便插入新结点。

【思考】

（1）如何利用引用变量的特点来表示结点的链接关系？

（2）遍历链表时，如何推进？如何判断是否到达链尾？

2．编程练习

（1）定义代表矩形的 Rectangle 类，属性有 width 和 height，给这两个属性添加 getter()
和 setter()方法，并编写构造方法和 toString()方法，再补充求矩形的面积的 area()方法和求
矩形的周长的 perimeter()方法。创建一个宽为 3.5、长为 5 的矩形，求解其面积和周长，并
输出矩形的描述。

（2）编写一个图书类 Book，其属性有书名、书价、出版社、作者、出版日期、ISBN
等，设计这些属性的类型，编写有参和无参两个构造方法、toString()方法，以及若干 setter()
和 getter()方法，创建两本书进行测试。

5.3　习 题 解 析

1. 选择题

（1）D　　　（2）D　　　（3）C　　　（4）C　　　（5）D

2. 思考题

（1）答：类变量依赖类空间，访问类变量只要表明类的名称即可。实例变量依托对象，每个对象有各自的实例变量。静态方法指定类名就可以访问，静态方法中只能直接访问类变量，实例方法必须通过对象才能调用。

（2）答：包的作用是组织划分类。程序中通过 package 语句给类指定包路径，要引用别的包中的类可写出类的全路径（包括包和类名），也可以先用 import 语句指明类的包路径，然后直接在程序中使用那个类。

（3）答：矩形类可以包括宽度和长度两个属性。

3. 写出以下程序的运行结果

程序 1：

```
obj1.x1=9
obj1.x2=9
obj2.x2=6
test.x1=9
```

程序 2：

```
x=10
```

程序 3：

```
m=3
```

程序 4：

```
第 1 个 User 创建
第 2 个 User 创建
```

程序 5：

```
1
2
3
4
count=3
```

程序 6：

```
9
8
7
6
0
```

4. 编程题

（1）编写一个代表三角形的类。其中，3 条边为三角形的属性，并封装有求三角形的面积和周长的方法。分别利用三条边为 3、4、5 和 7、8、9 的两个三角形进行测试。

【参考程序】程序文件名为 ex5_1.java

【说明】定义一个代表三角形的类 Triangle，其中封装三角形的属性和方法。由数学知识可知，根据三角形的三条边求三角形面积的公式为

$$area = \sqrt{s(s-a)(s-b)(s-c)}$$

其中，$s = (a+b+c)/2$。

（2）编写一个学生类 Student，包含的属性有学号、姓名、年龄，将所有学生存储在一个数组中，自拟数据，用数组的初始化方法给数组赋值，并实现如下操作。

① 将所有学生年龄增加 1 岁。

② 按数组中的顺序显示所有学生信息。

③ 查找显示所有年龄大于 20 岁的学生名单。

【参考程序】程序文件名为 ex5_2.java

【说明】定义代表学生的类 Student，其中封装有构造方法和 toString()方法，在主类的 main()方法中定义了一个 Student 类型的数组，将学生对象存入数组，通过数组元素访问学生对象的属性和方法。考虑到要多次输出学生数组的信息，在程序中编写一个 output()方法用来输出参数指定的 Student 数组的内容。

（3）编写一个 Person 类，其中包括人的姓名、性别、年龄、子女等属性，并封装有获得姓名、获得年龄、增加 1 岁、获得子女、设置子女等方法，其中，子女为一个 Person 数组。用某实际数据测试该类的设计。

【参考程序】程序文件名为 ex5_2.java

【说明】这里的难点问题是子女属性的操作访问，其中的数组元素为对象引用。

（4）编写一个代表日期的类，其中有代表年、月、日的 3 个属性，创建日期对象时要判断参数提供的年、月、日是否合法，若不合法要进行纠正。年默认值为 2000；月的值在 1 到 12 之间，默认值为 1；日由一个对应 12 个月的整型数组给出合法值，特别地，对于 2 月，通常为 28 天，但闰年的 2 月为 29 天。闰年是指该年的值为 400 的倍数，或者为 4 的倍数但不为 100 的倍数。将创建的日期对象输出时，年、月、日之间用"/"分隔。

【参考程序】程序文件名为 ex5_4.java

【说明】定义一个代表日期的类 Date，在日期对象的构造方法中要对日期的合法性进行检查，并自动较正数据，程序中专门设计一个 checkDay()方法完成此项检查处理。

（5）编写一个矩阵类，其中封装有一个代表矩阵的二维数组，并提供一个实现两个同行列的矩阵相加的方法。利用随机函数产生两个 3 行 4 列的矩阵，验证类设计。

【参考程序】程序文件名为 ex5_5.java

【说明】定义一个代表矩阵的类 Matrix，用一个二维数组和其行、列大小作为矩阵的属性，定义构造方法和对矩阵赋初值的 initialMatrix()方法，另提供两个矩阵相加的静态方法及输出矩阵的 output()方法。

（6）n 只猴子要选大王，选举方法如下：所有猴子按 1，2，…，n 编号并按照顺序围成一圈，从第 k 个猴子起，由 1 开始报数，报到 m 时，该猴子就跳出圈外，下一只猴子再

次由 1 开始报数，如此循环，直到圈内剩下一只猴子，这只猴子就是大王。

　　① 输入数据：猴子总数 n，起始报数的猴子编号 k，出局数字 m。

　　② 输出数据：猴子的出队序列和猴子大王的编号。

　　【参考程序】程序文件名为 ex5_6.java

　　【说明】定义 Monkey 类代表猴子，其中安排一个代表猴子编号的属性。用一个数组存放所有猴子，在报数时引入报数计数变量 p、报数循环推进变量 j、出局猴子数量 k 等控制报数的过程。j 推进到数组的末尾后自动回到开始。报数过程的结束条件是出局猴子数为 n-1。每个出局的猴子在数组中将其元素设置为 null。最后不为 null 的元素就是猴王。

第 5 章

第 6 章　继承与多态

6.1　知识要点

6.1.1　继承的概念

继承用来表达两个概念（类）之间的关系，也就是用来表达子类和父类之间的关系。通过类的继承，祖先类的所有成员均将成为子类拥有的"财富"。但是，能否通过子类对象直接访问这些成员则取决于成员的访问权限设置。

6.1.2　子类构造方法与父类构造方法的联系

（1）构造方法不存在继承，但子类的构造方法一定会去调用父类的构造方法。子类的构造方法中通过调用父类的构造方法给父类的属性赋值。

（2）在子类的构造方法的第 1 行可以通过 super 去调用父类的构造方法，如果没有 super 调用，则默认调用父类的无参构造方法。所以，在父类中编写构造方法通常要提供无参构造方法。

6.1.3　对象引用赋值中向上转型与向下转型

可以将子类的对象引用赋值给父类引用变量，因为通过父类能操作的属性和方法已被子类继承，这种转换称为"向上转型"。但将父类引用变量的值赋给子类引用变量就受到限制，必须进行强制转换，这种转换称为"向下转型"。编译总是认可这种向下转型的强制转换，但运行程序时如果不能成功实现转换就会报错。

6.1.4　多态的两种表现形式

多态的两种表现形式如下。

（1）参数多态（方法重载）：同一类中允许多个同名方法，通过参数的数量、类型的差异进行区分。对于参数多态的方法，方法调用的匹配原则是：首先查找是否有参数一致的方法，也就是精确匹配；如果没有，再检查实参是否能自动转换为形参类型，能转换也可以匹配调用，这种匹配称为转换匹配。

（2）方法覆盖：子类对父类方法的重新定义，要求方法名和参数形态完全一样。返回值通常也相同，但允许是父类方法返回类型的子类型。

6.1.5　访问继承的成员

由于继承关系的存在，一个对象的属性和方法中有自己新定义的，也有从祖先类继承的。允许子类对父类定义的属性和方法重新定义，一个对象查找其属性和方法时按什么原则查找呢，实际上也是"最近匹配原则"。

- ❑ 在子类中访问属性和方法时将优先查找自己定义的属性和方法。如果该成员在本类存在，则使用本类定义的；否则，按照继承层次的顺序到其祖先类中查找。
- ❑ this 关键字特指本类的对象引用，使用 this 访问成员首先在本类中查找，如果本类中未找到，则到父类中逐层向上查找。
- ❑ super 关键字特指访问父类的成员，使用 super 首先到直接父类中查找匹配成员，如果直接父类中未找到，再逐层向上到祖先类中查找。
- ❑ 当父类引用变量引用子类对象时，访问的实例方法由具体对象决定，而属性和静态方法由引用变量的类型决定。

6.1.6　Object 类

（1）Object 类是所有类的祖先。Object 类处于 Java 继承层次中最顶端的类，它封装了所有类的公共行为。

（2）Object 类的 equals()方法采用的是==运算比较，也就是只有两个引用变量指向同一对象时才相等。其子类一般会设计自己的 equals()方法，以方便比较对象内容。

（3）一个类的 toString()方法用于返回对象的描述信息，在 Object 类中该方法返回对象的类名及对象引用地址。子类中通常要提供自己的 toString()方法，以便更好地描述对象。

6.2　实　验　指　导

6.2.1　实验目的

（1）理解类的继承，掌握变量隐藏、方法覆盖的概念。
（2）理解引用类型的变量的赋值转换原则。
（3）理解多态概念，掌握方法的匹配调用原则。
（4）理解 super 的含义及使用。
（5）理解访问控制符的使用。

6.2.2 实验内容

1. 样例调试

【基础训练 1】类的继承。

【目标】理解属性隐藏与方法覆盖的概念。熟悉对继承成员的访问规律。

（1）继承关系中的覆盖与重载问题。

【参考程序】程序文件名为 Child.java

```java
class Parent {
    int x=100;

    void m( ) {
        System.out.println(x);
    }
}
public class Child extends Parent {
    int x = 200;
    public static void main(String args[ ]) {
        Child a = new Child( );
        a.m( );
        System.out.println(a.x);
    }
}
```

调试程序，分析结果，理解继承关系以及子类对父类属性隐藏的概念。

（2）在子类中增加一个和 Parent 类中 m()方法形态一样的方法，为了区分到底调用了哪个 m()方法，在输出上进行适当改变。

```java
void m( ) {
    System.out.println("x=" + x);
}
```

重新编译运行程序，观察结果变化，理解方法的覆盖关系。

（3）在子类 m()方法中，加入通过 super 引用访问父类方法和属性的代码。

```java
void m( ) {
    System.out.println("x=" + x);
    System.out.println("super.x=" + super.x);
    super.m( );
}
```

重新编译运行程序，观察结果，理解通过 super 引用访问的特点。

（4）站在父类引用的角度看成员，熟悉对继承成员访问的特点。

修改以上 main()方法的引用变量 a 的类型，让父类引用变量引用子类对象。

Parent a = new Child();

重新调试运行程序，观察结果变化，分析原因。

（5）将以上属性和方法均改为静态的，重新进行测试，观察结果变化。

最后，总结通过引用变量访问成员时，如何确定成员来自哪个类定义。

【基础训练 2】方法的参数多态。

【目标】了解方法调用的参数匹配处理。

（1）参数多态的方法匹配。

【参考程序】程序文件名为 MethodMatch.java

```java
public class MethodMatch {
    int x = 200;

    public methodMatch( ) {
        x = 300;
    }

    public methodMatch(int    x1) {
        x = x1;
    }

    public void m1(int k){ x = x + k; }

    public void m1( ){ x = x - 1; }

    public void m1(int x,int y) {
        this.x = this.x + x * y ;
    }

    public static void main(String args[ ]) {
        MethodMatch a = new MethodMatch( );
        a.m1(2,3);
        MethodMatch b = new MethodMatch(20);
        b.m1(50);
        a.m1(9);
        System.out.println("a.x=" + a.x);
        System.out.println("b.x=" + b.x);
    }
}
```

调试程序，理解构造方法的参数多态与方法的参数多态的定义与调用。

（2）将上述 main 方法中的"b.m1(50)"改为"b.m1(50.2)"，进行测试，可以发现什么问题？总结参数转换匹配规律。

【基础训练 3】分别对下面程序中类变量 x 的访问权限进行修改，测试访问许可。修改 private、protected、public 以及无访问控制符 4 种情形。

【目标】理解访问修饰符的作用。

（1）访问同一类的成员的情形。

【参考程序】程序文件名为 AccessTest1.java

```
package test;
public class  AccessTest1 {
    static int x = 8;

    public static void main(String args[ ]) {
        System.out.println(x);
    }
}
```

（2）访问同一包的其他类成员的情形。

【参考程序】程序文件名为 SamePackage.java

```
package test;
class  AccessTest2 {
    static int x = 18;
}

public class SamePackage {
    public static void main(String args[ ]) {
        System.out.println(AccessTest2.x);
    }
}
```

（3）访问不同包的其他类成员的情形。

【参考程序 1】程序文件名为 AccessTest3.java

```
package test;
public class  AccessTest3{
    static int x = 28;
}
```

【参考程序 2】程序文件名为 anotherPackage.java

```
import test.*;
public class AnotherPackage {
    public static void main(String args[ ]) {
        System.out.println(AccessTest3.x);
    }
}
```

（4）访问不同包的子类成员的情形。

【参考程序 1】程序文件名为 AccessTest4.java

```
package test;
public class  AccessTest4{
```

```
    static int x=38;
}
```

【参考程序 2】程序文件名为 Subclass.java

```
import test.*;
public class Subclass extends AccessTest4 {
    public static void main(String args[ ]) {
        System.out.println(AccessTest4.x);
    }
}
```

总结各种访问修饰符的作用。

【基础训练 4】对象引用赋值转换。

【目标】理解对象引用赋值转换中的向上转型和向下转型。

（1）分析以下程序的运行结果，理解对象引用赋值转换。

【参考程序】程序文件名为 Convert.java

```
public class Convert {
    static void test(int x) {                     //参数为 int 类型的 test()方法
        System.out.println("test(int):" + x);
    }

    static void test(Object x) {            //参数为 Object 类型的 test()方法
        System.out.println("test(Object):" + x);
    }

    static void test(String x) {                  //参数为 String 类型的 test()方法
        System.out.println("test(String):" + x);
    }

    public static void main(String[ ] args) {
        test("hello");
        test(5.2);
        test(5);
    }
}
```

（2）如果将"参数为 String 类型的 test()方法"这一注释去掉，程序结果有何变化？

（3）将 main()方法中代码修改如下：

```
public static void main(String[ ] args) {
    Object m = 88;
    test(m);
    test("" + m);
    test((Integer) m);
    test((int) m);
}
```

观察程序运行结果，分析原因。

（4）将变量 m 的赋值改为字符串"88"，观察程序运行情况，分析原因。

【综合样例】汽车类及子类设计。

【目标】理解继承关系设计。

```java
public class Automobile {
    int speed;                      //最高速度
    String producer;                //生产厂家

    public Automobile(String name, int speed) {
        producer = name;
        this.speed = speed;
    }

    public String toString() {
        return "生产厂家:" + producer + ",最高速度:" + speed;
    }

    public static void main(String args[ ]) {
        Automobile all[ ] = { new Car("上汽", 150), new Bus("金龙", 120),
            new Truck("江铃",110) };
        for (int k = 0; k < all.length; k++)
            System.out.println(all[k]);
    }
}

class Car extends Automobile {
    public Car(String name, int speed) {
        super(name, speed);
    }

    public String toString() {
        return "轿车=>" + super.toString();
    }
}

class Bus extends Automobile {
    public Bus(String name, int speed) {
        super(name, speed);
    }

    public String toString() {
        return "公交车=>" + super.toString();
    }
}

class Truck extends Automobile {
    public Truck(String name, int speed) {
        super(name, speed);
    }
}
```

```
    public String toString() {
        return "货车=>" + super.toString();
    }
}
```

【思考】给每个子类增加一个个性化的属性，并修改构造方法和 toString()方法。

2. 编程练习

（1）编写一个 Person 类，其中有 name 属性和 work()方法，该方法输出"正在工作…"。继承 Person 类编写足球运动员和歌手，为子类编写 work()方法，足球运动员的工作是"踢球"，歌手的工作是"唱歌"。分别创建父类和子类对象给 Person 类型的变量赋值，调用 work()方法进行测试。

（2）参照主教材例 1-3 的代码，在窗体中添加一个图形部件，在该图形部件上绘制一个红色矩形，分别让该图形部件继承画布（Canvas）、按钮（Button）、文本框（TextField）、面板（Panel），测试观察运行效果，检查继承不同图形部件后在该部件上能进行的操作。

6.3 习 题 解 析

1. 选择题

（1）A　　　（2）C　　　（3）E　　　（4）B　　　（5）B
（6）AC　　 （7）AB　　 （8）D　　　（9）B

2. 思考题

（1）答：方法的重载也称参数多态，是指在同一个类中定义多个方法名相同，但参数形态有所区分的方法。方法的覆盖是指因继承带来的多态，子类中可对父类定义的方法重新定义，这样，在子类中将隐藏来自父类的同形态方法。

（2）答：每个 Java 类只能有一个直接父类，但可以实现多个接口。子类继承父类的所有非私有属性和方法；构造方法不能继承，但子类可调用父类的构造方法。接口的作用是定义行为约束，实现接口的类必须满足接口的行为要求，也就是要编写提供接口中定义的所有方法。

3. 写出以下程序的运行结果

程序 1：

```
count=2
```

程序 2：

```
test(String):hello
test(float):5.0
```

程序 3：

```
hello1
hello2 : hi2
```

程序 4：

```
Pine
Tree
Oops
```

程序 5：

```
m1=m2 is false
m2=m3 is true
m1.x==m2.x is false
m1.equals(m2)=false
```

4. 编程题

（1）给 Point 类添加以下几个求两点间距离的多态方法，并进行调用测试。

```
public double distance(Point p)                      //求点到 p 点间距离
public double distance(int x,int y)                  //求点到（x,y）点间距离
public static double distance(Point x,Point y)       //求 x、y 两点间距离
```

【参考程序】程序文件名为 ex6_1.java

（2）定义一个 Person 类，包含姓名、性别、年龄等字段；继承 Person 类设计 Teacher 类，增加职称、部门等字段；继承 Person 类设计 Student 类，增加学号、入学时间、专业等字段。定义各类的构造方法和 toString()方法，并分别创建对象进行测试。

【参考程序】程序文件名为 ex6_2.java

【说明】入学时间最好用日期类型来表示，那样更为准确。为了从字符串分析得到日期数据，需要使用特殊的方法进行处理，例如：

```
java.text.SimpleDateFormat df = new java.text.SimpleDateFormat("yyyy-MM-dd");
java.util.Date    d = df.parse("2021-6-12");          //分析得到日期
```

（3）改进例 5-7 的 Circle 类，提供若干求面积的方法，形态分别如下：

```
public double area()                   //求当前圆的面积
public static double area(double r)    //求半径为 r 的圆的面积
public static double area(Circle c)    //求参数指定圆的面积
```

【参考程序】程序文件名为 ex6-3.java

（4）修改例 6-3 中复数类的设计，增加两个复数相乘的多态方法，并增加计算复数模的方法，然后用实例测试两个复数的加、乘、求模运算。

【参考程序】程序文件名为 ex6_4.java

第 6 章

第 7 章　常用数据类型处理类

7.1　知　识　要　点

7.1.1　String 类——字符串常量

（1）String 类创建的字符串对象的内容不能改变。但是，引用变量可以随时变更自己的值去引用别的串对象。

（2）理解字符串的拼接运算的含义，可以将任何数据类型的数据与字符串进行拼接，包括对象类型的数据，它将调用对象的 toString() 的结果与串拼接。拼接的结果为一个新的串对象，不会改变源字符串对象的内容。例如：

```
String x = "hello";
String x1 = x;                //x1 和 x 指向同一串对象
String y = "good";
x = x + y + 2;                //修改 x 的值，让其指向新生成的串
System.out.println(x);
System.out.println(x1);
```

输出结果如下：

```
hellogood2
hello
```

（3）String 类提供了丰富的实例方法，见表 7-1。

表 7-1　String 类的实例方法

方　　法	功　　能
boolean equals(Object obj)	当前串与参数串比较是否相等
boolean equalsIgnoreCase(String s2)	比较两个字符串，不计较字母的大小写
int compareTo(String str)	比较当前串与参数串的大小
int length()	求字符串长度
String trim()	去除前导空格和尾部空格
int indexOf(int ch, int fromIndex))	从 formIndex 位置开始往后查找字符串中的字符 ch 的首次出现位置
int indexOf(String s, int fromIndex))	从 formIndex 位置开始往后查找字符串中的子串 s 的首次出现位置
char charAt(int index)	从串中获取指定位置的字符

续表

方　　法	功　　能
String substring(int begin, int end)	根据始末位置从串中获取子串
String[] split(String regex)	按照分隔符将串分成若干子串
String replace(char ch1,char ch2)	将字符串中所有 ch1 字符替换为 ch2
boolean startsWith(String prefix)	判断参数串是否为当前串的前缀
boolean endsWith(String prefix)	判断参数串是否为当前串的后缀

7.1.2　StringBuffer 类——可变字符串

StringBuffer 类创建的串可以修改，可以对串的内容进行增、删、改操作。StringBuffer 的常用方法见表 7-2。

表 7-2　StringBuffer 类的常用方法

方　　法	功　　能
StringBuffer append(Object obj)	将某个对象的串描述添加到 StringBuffer 尾部
StringBuffer insert(int position, Object obj)	将某个对象的串描述插入 StringBuffer 中的某个位置
StringBuffer setCharAt(int position, char ch)	用新字符替换指定位置字符
StringBuffer deleteCharAt(int position)	删除指定位置的字符
StringBuffer replace(int start, int end, String str)	将参数指定范围的一个子串用新串替换
String substring(int start, int end)	获取所指定范围的子串
StringBuffer insert(int index, char[] str, int offset, int len)	在 StringBuffer 的 index 处插入字符数组中从 offset 下标开始的 len 个字符

7.1.3　基本数据类型包装类

（1）每种基本数据类型均有对应的包装类，除了 char 和 int 的包装类为 Character 和 Integer，其他类型的包装类的名字均为相应类型的关键字将首字符换大写（例如，long 的包装类为 Long）。

（2）包装类用来实现该类型数据的一些处理操作，尤其是其中的静态方法，见表 7-3。

表 7-3　数据包装类的常用方法

包 装 类 名	方　　法	功　　能
Integer	int parseInt(String s)	将数字串转化为整数
Long	long parseLong(String s)	将数字串转化为长整数
Double	double parseDouble(String s)	将数字串转化为双精度数
Character	boolean isDigit(char c)	判断某字符是否为数字
Character	boolean isLetter(char c)	判断某字符是否为字母
Integer	String toString(int k)	将一个整数转化为字符串

续表

包 装 类 名	方　　法	功　　能
Integer	String toBinaryString(int k)	将一个整数转换为二进制字符串
Integer	toString(int i, in tradix)	返回一个整数的某种进制表示形式

7.1.4　日期和时间

java.util 包中提供了两个类 Date 和 Calendar，用来封装日期和时间信息。Java 8 在 java.time 包中也提供了若干处理日期和时间的类。

- 使用 new Date()可得到当前日期对象。
- Calendar 是抽象类，使用其 getInstance()方法可得到日历对象。

Calendar rightNow = Calendar.getInstance();

要从日历中获取有关年份、月份、星期、小时等的信息，可以通过 int get(int field)方法。其中，参数 field 的值由 Calendar 类的静态常量决定，例如：YEAR 代表年；MONTH 代表月；DAY_OF_WEEK 代表星期几；HOUR 代表小时；MINUTE 代表分；SECOND 代表秒；等等。

Java 8 提供了丰富的日期和时间类。利用相应类的静态方法 now()方法可得到代表当前日期以及时间的对象。

- LocalDate：不包含具体时间的日期，如 2023-01-14。
- LocalTime：不包含日期的时间。其对象的 getHour()、getMinute()和 getSecond()方法可分别得到小时、分钟和秒的时间信息。
- LocalDateTime：包含了日期及时间，无偏移信息或者说无时区信息。
- ZonedDateTime：包含时区的完整日期时间，时区以 UTC/格林尼治时间为基准。

7.2　实　验　指　导

7.2.1　实验目的

（1）掌握 String 类的特点及使用方法。
（2）掌握 StringBuffer 类的特点及使用方法。
（3）熟悉各种数据类型包装类的使用。

7.2.2　实验内容

1. 样例调试

【基础训练 1】字符串的比较。
【目标】理解==和 equals 方法的使用差异性。

（1）字符串的相等比较。

【参考程序】程序文件名为 StringTest1.java

```java
public class StringTest1{
    public static void main(String args[ ]) {
        String x = "abc";
        String y = "abc";
        String z = new String("abc");
        System.out.println(x==y);
        System.out.println(x==z);
        System.out.println(x.equals(y));
        System.out.println(x.equals(z));
    }
}
```

分析输出结果，思考==和 equals 方法进行串比较的使用差异性。

（2）字符串的大小比较。

【参考程序】程序文件名为 StringTest2.java

```java
public class StringTest2{
    public static void main(String args[ ]) {
        String x = "abc1";
        String y = "abc2";
        String z = new String("ABC1");
        System.out.println(x.compareTo(y));
        System.out.println(x.compareTo(z));
        System.out.println(x.equals(z));
        System.out.println(x.equalsIgnoreCase(z));
    }
}
```

观察输出结果，思考这些比较方法的使用差异性。

【基础训练 2】字符串数据的提取。

【目标】熟悉字符串的字符提取方法的应用。

（1）在字符串中提取某个位置字符。

【参考程序】程序文件名为 StringTest3.java

```java
public class StringTest3 {
    public static void main(String args[ ]) {
        String x = "a good idea.";
        System.out.println(x.charAt(0));
    }
}
```

【思考】x.substring(0,1)的结果与 x.charAt(0)有何差异，总结这两种方法在使用上各有何特点。

（2）将程序改为查找串中是否含有 a 字符。

```
if    (x.indexOf("a")!=-1)
      System.out.println("有 a");
else
      System.out.println("没有 a");
```

【思考】要实现上述目标 indexOf 还有什么调用写法？若要用 startsWith 方法判断某字符串是否以字符 a 开头，如何修改程序？

【基础训练 3】字符串参数传递。

【目标】理解 String 类型参数和 StringBuffer 类型参数的数据变化规律。

（1）方法参数为 String 类型情形。

【参考程序】程序文件名为 StringTest4.java

```
public class StringTest4{
    public static    void method(String a) {
        a = a + "!";
        System.out.println(a);
    }

    public static void main(String args[ ]) {
        String x = "good bye";
        method(x);
        System.out.println(x);
    }
}
```

调试程序，给出解释，画图说明问题。

【思考】在 method 方法的执行过程中，参数 a 的引用对象的内容有变化吗？形参的变化对实际参数有影响吗？总结字符串类型参数传递特点。

（2）方法参数为 StringBuffer 类型情形。

【参考程序】程序文件名为 StringTest5.java

```
public class StringTest5{
    public static void method(StringBuffer a) {
        a.append("!");
        System.out.println(a);
    }

    public static void main(String args[ ]) {
        StringBuffer x = new StringBuffer("good bye");
        method(x);
        System.out.println(x);
    }
}
```

调试程序，观察形参的变化对实参的影响，给出解释，画图说明问题。

【基础训练 4】基本数据类型包装类的使用。

【目标】理解包装类的作用。

【参考程序】程序文件名为 TestInteger.java

```
public class TestInteger {
    public static void main(String args[ ]) {
        Integer x = new Integer("123");        //用构造方法构建对象
        Integer y = 12;                          //自动包装转换
        Integer z = Integer.valueOf("1");        //用静态方法获取对象
        System.out.println(x);
        System.out.println(y);
        System.out.println(z);
        int a = Integer.parseInt("888");
        System.out.println(a);
        System.out.println(Integer.toBinaryString(a));
        System.out.println(Integer.toString(a,8));
        System.out.println(Integer.toString(a,16));
    }
}
```

分析输出结果，理解包装类的作用。

【综合样例 1】编写一个方法统计一个字符在某字符串中出现的次数；从命令行参数获取一个算术表达式，利用前面的方法判断该表达式中的左右括号数量是否一致，如果一致，输出"YES"，否则输出"NO"。

【参考程序】程序文件名为 Count.java

```
public class Count {
    public static void main(String args[ ]) {
        String s = args[0];
        if (count(s, '(' )== count(s,')' ))        //比较左右括号的出现次数
            System.out.println(" YES" );
        else
            System.out.println(" NO" );
    }

    /* 统计字符 c 在串 s 中的出现次数  */
    public static int count(String s ,char c) {
        int x=0;                                    //计数变量
        for (int k=0;k<s.length( );k++)
            if (s.charAt(k)==c) x++;                //在第 k 个位置出现，则计数增加 1
        return x;
    }
}
```

【综合样例 2】从键盘输入一个英文句子，统计该句子中英文单词的个数，将找出的所有单词存放到一个数组中。例如，输入 he said thanks for your help!

则输出为：

共有 6 个单词

he said thanks for your help

【分析】一个单词的判断条件是以字母开头，后跟若干字母。也就是遇到非字母的字符即可断定为单词结束。程序中引入了一个逻辑变量 isWord 来标记当前处理字符是否为单词的组成部分，是则标记为 true，不是则标记为 false。为了便于处理，这里将所有找到的单词拼接到一个串中，单词之间用逗号分隔。

【参考程序】程序文件名为 ListWords.java

```java
import java.io.*;
import java.util.*;
public class ListWords {
    public static void main(String[ ] args) throws IOException {
        String line;
        char ch;
        boolean isWord = false;
        StringBuffer word = new StringBuffer( );
        Scanner scan = new Scanner(System.in);
        System.out.println("输入一行文本： ");
        line = scan.nextLine();
        for (int i = 0; i<line.length( );i++ ) {
            ch = line.charAt(i);
            if ( Character.isLetter(ch) ) {
                word.append(ch);
                isWord=true;
            }
            else {
                if ( isWord ) {
                    word.append(",");
                    isWord = false;
                }
            }
        }
        String x[ ]=word.toString( ).split(",");
        System.out.println("共有"+x.length+"个单词");
        for (int n=0;n<x.length;n++)
            System.out.print(x[n]+ " ");
    }
}
```

【编程要点】

（1）定义一个 StringBuffer 类对象拼接所有单词，单词之间用逗号分隔。

（2）抓住单词的特点——是连续若干字母，所以遇到字母即可将其作为单词的组成部分插入 StringBuffer 中。

（3）定义一个逻辑变量记录是否已出现单词，如果已出现，则逻辑变量为 true，否则为 false。在处理非字母字符时通过判断该逻辑变量确定是否应插入一个逗号到 StringBuffer 中。

（4）利用循环扫描处理整个字符串，在处理完毕后再将 StringBuffer 中的所有内容转化为 String 类对象，利用 split()方法按逗号分隔分离出单词存入数组中。

2. 编程练习

（1）输入一段英文句子，将每个单词的首字母转换为大写字母。例如，"I am very glad to see you"的转换结果为"I Am Very Glad To See You"。

（2）编写一个简易加密处理程序，从键盘输入一段英文文字，将其中每个字母用其后的第 4 个的字母代替，最后的字母轮回到前面去数。其他符号不变。例如：a 用 e 代替，z 用 d 代替。例如，"good 12 bye"加密的结果为"kssh 12 fci"。

7.3　习　题　解　析

1. 选择题

（1）C　　　（2）B　　　（3）A　　　（4）B　　　（5）C　　　（6）A

2. 写出以下程序的运行结果

程序 1：

```
good morning hello
good morning
```

程序 2：

```
teacher    bad
```

程序 3：

```
4        3
```

程序 4：

```
AB，B
```

程序 5：

```
Abc
true
```

3. 编程题

（1）从键盘输入若干行文字，最后输入的一行为 end 代表结束标记。

① 统计该段文字中英文字母的个数。

② 将其中的单词 the 全部改为 a，输出结果。

③ 找出该段文字所有的数字串并输出。

【参考程序】程序文件名为 ex7_1.java

【说明】将 3 个要处理的结果分别记录在计数变量 c 和两个 StringBuffer 变量 res、dstr 中。逐行输入字符串进行处理，直到输入为 end 结束，所以外循环是一个 while 循环，统计字母个数只要提取每个字符进行检查即可；将 the 改为 a 只要用字符串的 replaceAll 方法即可实现；困难的是找出其中的数字串，为了判别每个数字串的开始和结束，引入一个逻辑变量 pre 进行辅助标记处理，遇到第一个数字将其值置为 true，遇到最后一个数字将其值置为 false。每个找到的数字串在输出结果中占一行。因此，将数字串添加到 StringBuffer 变量中时要在后面添加一个换行符（\n）。

（2）用字符串存储一个英文句子 Java is an Object Oriented programming language，分离出其中的单词并输出，计算这些单词的平均字母个数。

【参考程序】程序文件名为 ex7_2.java

【说明】程序中利用字符串的 split()方法将分离出的单词集中到一个数组中进行处理。

（3）利用随机函数产生 20 个 10～90 的不重复整数，将这些数拼接在一个字符串中，用逗号隔开，每产生一个新数，要保证其在该字符串中不存在。最后将串中的整数分离存放到一个数组中，将数组的内容按由小到大的顺序输出。

【参考程序】程序文件名为 ex7_3.java

（4）编程求任意长度的一个数字字符串的各位数字之和。

【参考程序】程序文件名为 ex7_4.java

（5）输入一个百亿以内的正整数，把它转换为人民币金额大写表示。例如，35201 转换为"叁万伍仟贰佰零壹"，31000 转换为"叁万壹仟"，120023201 转换为"壹亿贰仟零贰万叁仟贰佰零壹"，120020001 转换为"壹亿贰仟零贰万零壹"，100000001 转换为"壹亿零壹"。可以看到，在万后满千位，则不加零，否则要补零，但不要出现类似"零零"的情况。在亿后满千万位，则不加零，否则要补零，但整个"万档"没有数字时，"万"字省去。

【参考程序】程序文件名为 ex7_5.java

【说明】程序中引入两个数组，分别存放数字的中文符号名称和数据位权值的中文名称，对数据的转换处理分两步进行，从高到低的方式读数据进行处理，对应字符串是按从左向右获取数据字符内容，而数据位的权值在 unit 数组中则是按高权值的名称排列在后进行排列的，两者正好反向而行，所以采用 unit[sLength-i-1])来获取对应数据位的权名称，处理转换结果拼接到 StringBuffer 类型的 data 对象中。特别要注意对特殊称谓进行处理，采用 String 类的 replaceAll 方法进行替换处理。

（6）从 X 星截获一份电码，是如下一些数字串：

13、1113、3113、132113、1113122113、....

YY 博士经彻夜研究，发现了如下规律：

第一个数随便是什么，以后每个数都是对上一个数"读出来"。

例如第 2 个数是对第 1 个数的描述，意思是：1 个 1，1 个 3，所以是：1113。

第 3 个数字意思是：3 个 1，1 个 3，所以是：3113。

请编写一个程序，可以从初始数字开始，连续进行这样的变换。

输入数据时，第一行输入一个数字组成的串不超过 100 位。第二行输入一个数字 n，表示需要连续变换多少次，n 不超过 20。

输出一个串，表示最后一次变换完的结果。

例如，用户输入 5 和 7，则程序应该输出：13211321322115。

【参考程序】程序文件名为 ex7_6.java

【说明】利用 String 类和 StringBuffer 类各自的特点来进行处理。利用 String 类的 charAt()方法获取各位数字，组织循环统计某位上的数字后续重复出现的次数，利用 StringBuffer 类的 append()方法拼接出变换后的新数字串。循环 n 次进行变换，循环结束输出结果。

第 7 章

第8章 抽象类、接口与内嵌类

8.1 知 识 要 点

8.1.1 抽象类

抽象类用来表达抽象概念，抽象类的定义形式如下：

```
abstract class 类名称 {
    成员变量；
    方法() {…}                    //定义一般方法
    abstract  方法（）；           //定义抽象方法
}
```

在抽象类中可以包含一般方法和抽象方法，抽象方法没有方法体。

抽象类表示的是一个抽象概念，不能创建对象。

继承抽象类的具体类必须将抽象类中的抽象方法覆盖实现。

8.1.2 接口

（1）接口定义。

接口定义了一套行为规范，接口定义用到 interface 关键词，其形式如下：

```
[public] interface 接口名 [extends 父接口名列表 ]  {
    域类型 域名 = 常量值 ；                      //常量域声明
    返回类型 方法名(参数列表) [throw 异常列表]；    //抽象方法声明
    …  // default 方法和 static 方法
}
```

❑ 接口具有继承性，一个接口可以继承多个父接口，父接口间用逗号分隔。

❑ 系统默认，接口中所有属性的修饰都是 public static final，也就是均为静态常量。

❑ 系统默认，接口中所有方法的修饰都是 public abstract。

❑ JDK1.8 后允许接口有 default 方法和 static 方法。default 方法是在定义方法头上添加 default 关键字，这两种方法均给出方法的具体实现，default 方法将由实现接口的类继承，而 static 方法需要通过接口名调用。

（2）接口实现（implements）。

❑ 一个类实现这个接口就要实现接口中定义的所有方法。

❑ 一个类可以实现多个接口。

❑ 类中实现接口的方法要加 public 修饰，因为接口中抽象方法默认修饰为 public。

8.1.3 内嵌类

内嵌类是指嵌套在一个类或者方法中定义的类。内嵌类的好处是可以访问外部类的成员属性和方法。

❑ 通常内嵌类是在嵌套它的类中使用，要从外部访问内嵌类的成员必须加上外部类的标识作为前缀。内嵌类也是外部类的一个成员，没有加 static 修饰的内嵌类要经过外部类的对象才能访问，而加上了 static 修饰的内嵌类则一般通过外部类的类名进行访问。

❑ 匿名内嵌类在使用上有些特殊，它是由接口名直接创建对象，但紧接着给出接口的实现代码，省略了实现接口的类名。Java 编译器将自动为匿名类命名。

8.2 实 验 指 导

8.2.1 实验目的

（1）掌握抽象类的定义与使用。
（2）掌握接口的定义与使用。
（3）了解内嵌类的定义与使用。

8.2.2 实验内容

1. 样例调试

【基础训练 1】抽象类的定义与使用。

【目标】了解继承抽象类的子类要覆盖父类定义的抽象方法。

（1）定义和继承抽象类。

【参考程序】程序文件名为 Circle.java

```java
abstract class Shape {
    abstract public double area();
}

public class Cicle extends Shape {
    double r;
    public static void main(String a[ ]) {
        Test x = new Test( );
        System.out.println(x.area());
    }
}
```

对程序进行编译，分析错误原因。

（2）在 Cicle 类中编写 area()方法，覆盖由其父类继承的抽象方法。

```
public double area(){
    return Math.PI * r;
}
```

重新编译运行程序，观察输出结果。

【思考】抽象类中可以定义具体方法吗？抽象类定义的具体方法在子类中一定要重新定义吗？

（3）给抽象类编写一个无参构造方法。

```
public Shape() {
    System.out.println("calling Shape");
}
```

重新编译运行程序，观察输出结果的变化。总结子类构造方法和父类构造方法的关系，思考抽象类的构造方法的作用。

【基础训练 2】接口的定义与使用。

【目标】理解一个类实现接口要在类中重写接口中定义的行为方法，以及通过接口类型的引用变量可引用实现接口的对象。

（1）定义和实现接口。

【参考程序】程序文件名为 BusDriver.java

```
interface    Listener {
    void    action( );
}

public class BusDriver    implements Listener {
    public static void main(String args[ ]) {
        new    BusDriver();
    }
}
```

编译程序指示什么错误，写出原因。

（2）将 BusDriver 类中代码修改如下：

```
public void action( ){
    System.out.println("看红绿灯！");
}

public static void main(String args[ ]) {
    BusDriver    x = new BusDriver();
    x.action();
}
```

编译并执行程序，分析为何要在 action()方法头增加 public 修饰。

（3）在程序中另增加一个类 Teacher 实现 Listener 接口。

```
class Teacher implements Listener {
    public void action() {
        System.out.println("教书育人！");
    }
}
```

然后，将 BusDriver 类的 main()方法修改如下：

```
public static void main(String args[ ]) {
    Listener x[ ] = { new BusDriver(),new Teacher () };
    x[0].action();
    x[1].action();
}
```

调试程序，观察通过接口引用变量访问对象方法的动态多态行为。

【基础训练 3】内嵌类的定义与使用。

【目标】理解内嵌类的特点。

【参考程序】程序文件名为 A.java

（1）两个并列类之间的对象成员数据访问。

要在类 B 的 m()方法中访问类 A 的实例变量，要设法将类 A 的对象传递给类 B，可以在类 B 中安排一个属性来存放类 A 的对象，通过构造参数将类 A 的对象传递给类 B 的对象。

为此，可编写以下一段代码：

```
public   class   A {
    int x = 100 ;

    public static void main(String args[]) {
        B   b = new B(new A());
        b.m();
    }
}   // A 类结束

class B {
    A a;

    public B(A a1) {                      //构建类 B 的对象时将类 A 的对象传递给类 B
        a = a1;
    }

    public void m(){
        System.out.println(a.x);          //通过类 A 的对象引用访问其 x 属性
    }
}
```

（2）将类 B 作为类 A 的成员类。

程序的内容修改如下：

```
public   class   A {
    int x = 100 ;

    public static void main(String args[ ]) {
        A.B    b = new A().new B();
        b.m();
    }

    class B {
        public void m(){
            System.out.println(x);                    //内嵌类可以访问外部类的成员
        }
    }                                                 //类 B 结束
}                                                     //类 A 结束
```

调试程序，比较两种访问方式的各自特点。

【思考】将类 A 中的成员变量 x 和类 B 以及类 B 中的 m()方法均加上 static 修饰，给出在类 A 的 main()方法中调用其内嵌类 B 的 m()方法的最简洁写法。

【综合样例】Java 代理模式的理解。

【目标】理解 Java 代理模式的运作特点。

【参考程序】程序文件名为 ProxyTest.java

```
interface Sourceable {
    public void method();
}

class Source implements Sourceable {
    public void method() {
        System.out.println("原本就要做的事!");
    }
}

class Proxy implements Sourceable {
    private Source source;

    public Proxy() {
        this.source = new Source();
    }

    public void method() {
        before();
        source.method();
        after();
    }
```

```
        private void after() {
            System.out.println("执行 after 逻辑!");
        }

        private void before() {
            System.out.println("执行 before 逻辑!");
        }
}

public class ProxyTest {
        public static void main(String[ ] args) {
            Sourceable source = new Proxy();
            source.method();
        }
}
```

【运行结果】

```
执行 before 逻辑!
原本就要做的事!
执行 after 逻辑!
```

2. 编程训练

（1）编写一个抽象类 Animal（动物），其中含有 name 属性（给动物的昵称名）和描述动物叫声的 cry()抽象方法，其返回结果为一个字符串，继承 Animal 编写 Dog（狗）、Cat（猫）两个具体类，创建具体对象并输出动物的描述及叫声。

（2）定义一个接口 Measurable，它有一个方法 double getMeasure()，该方法以某种方式测量对象，Empolyee 类有名字（name）和工资（salary）两个属性，假设让 Empolyee 类实现 Measurable 接口，提供一个方法 double average(Measurable[] objects)，该方法计算测量对象的平均值，使用它来计算一组 empolyee 的平均工资。

8.3 习题解析

1. 选择题

（1）C　　　（2）D　　　（3）ABD　　　（4）BD　　　（5）D　　　（6）ABD

2. 写出以下程序的运行结果

程序 1：

```
m1()
call m2()
call n()
```

程序 2：

Sample

程序 3：

do init
3
super.v2.0

3. 编程题

（1）定义一个接口，其中包含一个 display()方法用于显示信息；通知类、汽车类、广告类均要实现该接口，显示"通知内容""汽车油量""广告消息"。试编程实现并测试类的设计。创建的对象用接口引用，并通过接口引用变量执行 display()方法。

【参考程序】程序文件名为 ex8_1.java

（2）定义接口 Shape，其中包括一个方法 size()，设计矩形、圆、圆柱体等类实现 Shape 接口，其 size()方法分别表示计算矩形面积、圆面积、圆柱体的体积。分别创建代表矩形、圆、圆柱体的 3 个对象存入一个 Shape 类型的数组中，通过调用 size()方法将数组中各类图形的大小输出。

【参考程序】程序文件名为 ex8_2.java

（3）定义一个抽象类——水果，其中包括 weight 属性和 getWeight()方法，继承水果类设计苹果、桃子、橘子 3 个具体类，创建若干水果对象存放在一个水果类型的数组中，输出数组中所有水果的类型、重量。提示：利用对象的 getClass().getName()方法可获取对象的所属类的名称。

【参考程序】程序文件名为 ex8_3.java

（4）定义接口 StartStop，含有 start()和 stop()两个方法。分别创建会议和汽车两个类实现 StartStop 接口，利用接口 StartStop 定义一个数组，分别创建一个会议和一个汽车对象赋值给数组，通过数组元素访问对象的 start()方法和 stop()方法。

【参考程序】程序文件名为 ex8_4.java

第 8 章

第 9 章　异 常 处 理

9.1　知 识 要 点

9.1.1　异常处理结构

Java 把异常加入 Java 语言的体系结构，为异常定义了类和关键字，简化了错误处理代码。将错误处理从正常的控制流中分离出来，对错误实施统一处理。

以下为异常处理的代码结构：

```
try {
    语句块；
}
catch (异常类名 1    参变量名) {
    语句块；
}
catch (异常类名 2    参变量名) {
    语句块；
}
finally {
    语句块；
}
```

【说明】

（1）finally 总是执行，它是异常处理的最后出口，常安排资源释放、文件关闭等。

（2）发生异常后，try 块中的剩余语句将不再执行。

（3）catch 按照次序进行匹配检查处理，找到一个匹配者，不再找其他；catch 的排列要按照先个别化再一般化的次序。不能将父类异常排在子类异常前。

9.1.2　常见系统异常

常见系统异常及其说明如表 9-1 所示。

表 9-1　常见系统异常及其说明

系统定义的异常	异常的说明
ClassNotFoundException	未找到要装载的类
ArrayIndexOutOfBoundsException	数组访问越界
FileNotFoundException	找不到文件

续表

系统定义的异常	异常的说明
IOException	输入、输出错误
NullPointerException	空指针访问
ArithmeticException	算术运算错误，如除数为 0
NumberFormatException	数字格式错误
InterruptedException	中断异常

9.1.3　自定义异常

（1）自定义异常类要继承 Exception 类。
（2）在方法内异常通过 throw 语句抛出。

```
throw new  异常类();
```

（3）方法的异常声明。
声明某个方法存在异常是在方法头的尾部加上"throws 异常类列表"。

9.2　实　验　指　导

9.2.1　实验目的

（1）掌握异常处理的编程特点。
（2）了解 Java 异常分类层次，常见系统异常。
（3）了解自定义异常的定义及方法异常的抛出与处理。

9.2.2　实验内容

1. 样例调试

【基础训练 1】异常捕获处理。
【目标】理解什么是异常，异常处理机制的执行特点。
（1）设有一个数组存储一批英文单词，从键盘输入一个数 n，输出数组中元素序号为 n 的单词。
【参考程序】程序文件名为 ExceptionTest.java

```
import javax.swing.*;
public class ExceptionTest {
    public static void main(String args[ ]) {
        String word[ ] = { "good", "bad", "ok", "bye" };
        String s = JOptionPane.showInputDialog("请输入一个数：");
```

```
            int n = Integer.parseInt(s);
            System.out.println(word[n]);
        }
}
```

运行该程序,正常输入 0、1、2、3 检查输出结果。

输入 4、5 或-1,观察会产生什么异常,分析原因。

输入 a,观察会产生什么异常,分析原因。

(2)为了控制异常的报错处理,利用 try…catch 进行异常处理。

```
public static void main(String args[ ]) {
    try {
        String word[ ] = { "good", "bad", "ok", "bye" };
        String s = JOptionPane.showInputDialog("输入一个数:");
        int n = Integer.parseInt(s);
        System.out.println(word[n]);
    } catch (NumberFormatException e) {
        System.out.println("要求输入整数");
    } catch (ArrayIndexOutOfBoundsException e) {
        System.out.println("数组访问出界");
    }
}
```

调试程序,理解异常处理的作用。

(3)将以上两个 catch 部分内容删除,改用一个 catch,其中,捕获的异常为 Exception 类,观察程序的运行变化。

```
catch (Exception e) {
    System.out.println("出现异常");
}
```

调试程序,体会异常层次的继承关系。

(4)在程序的异常处理代码中,加入 finally 部分,检查其代码在什么情况下执行。

```
finally {
    System.out.println("执行了 finally 块");
}
```

正常情形和异常情形均会执行 finally 块的内容吗?

(5)异常排序问题。将前面的 3 个 catch 均包含在程序中,如何排序,能将第 3 条中的 catch 放在首位吗?为什么?

【基础训练 2】自定义异常的定义与抛出。

【目标】理解自定义异常的定义与抛出方式、捕获处理。

(1)自己定义一个异常并抛出。

【参考程序】程序文件名为 MyException.java

```
public class MyException extends Exception{                //定义异常
```

```
    public String toString( ){                      //异常的描述方法
        return "异常啦";
    }

    public static void main(String args[ ]) {
        throw new MyException( );                    //抛出自定义异常
    }
}
```

观察编译是否可以通过，分析错误原因。

（2）增加 try…catch 代码。

```
public static void main(String a[ ]) {
    try {
        throw new MyException( );                    //抛出自定义异常
    }
    catch (MyException e) {
        System.out.println(e);
    }
}
```

编译通过后，执行代码，观察结果。总结如何抛出和捕获自己定义的异常。

（3）在方法头声明方法中可能产生异常。

将上面 main 方法的 try…catch 注释掉，在方法头增加 throws 子句。

```
public static void main(String a[ ]) throws MyException {
    throw new MyException( );                        //抛出异常
}
```

观察程序能否通过编译，运行结果有何变化？分析总结如何给方法声明异常。

（4）对声明异常的方法调用。

将产生异常的代码安排到一个自定义方法中，在 main()方法中调用该方法。

```
public static void main(String args[ ]){
    method( );
}

public static void method( ) throws MyException {
    throw new MyException( );                        //抛出异常
}
```

观察编译的错误指示，给 method()方法调用增加 try…catch 代码。

```
public static void main(String args[ ]){
    try{
        method( );
        System.out.println("这里执行不到");
    }
    catch(MyException e) {
```

```
            System.out.println(e);
        }
        System.out.println("这里要执行");
    }
```

执行代码，分析总结异常发生的处理流程及异常如何改变程序的执行流程。

【综合样例】求三角形面积。

【目标】了解自定义异常的具体应用。

【参考程序】程序文件名为 Triangle.java

```java
class NotTriangleException extends Exception {
    public String toString() {
        return "不能构成三角形";
    }
}

public class Triangle {
    double a, b, c;

    public Triangle(double a, double b, double c) throws NotTriangleException {
        if (a + b > c && a + c > b && b + c > a) {
            this.a = a;
            this.b = b;
            this.c = c;
        } else
            throw new NotTriangleException();
    }

    public double area() {
        double p = (a + b + c) / 2;
        return (Math.sqrt(p * (p - a) * (p - b) * (p - c)));
    }

    public static void main(String args[ ]) {
        try {
            Triangle x = new Triangle(2, 3, 4);
            System.out.println(x.area());
        } catch (NotTriangleException e) {
            System.out.println(e);
        }
    }
}
```

调试程序，观察输出结果。

修改程序中三角形的边长参数，测试不能构成三角形的案例情形。

2. 编程练习

（1）利用随机函数产生 10 道两位正整数的乘法测试题，每道题 10 分，根据用户的解答统计得分，考虑用户在解答数据输入中的异常处理（例如，不是整数），最后输出用户得分。

（2）从命令行参数获取 3 个整数，求这 3 个整数的最大公倍数。要考虑获取输入数据时的异常处理。

9.3　习题解析

1. 选择题

（1）ABCD　　　（2）B　　　（3）A　　　（4）C　　　（5）D　　　（6）D

2. 思考题

（1）答：throw 语句用于抛出异常，方法头的 throws 子句是声明方法将产生某个异常。

（2）答：除了 RuntimeException 的子类异常，其他的异常均会被编译检测到，编译器会强制要求程序中对异常进行处理。

（3）答：每个 catch 块只能处理某种异常，多异常的捕捉在次序上要求子类异常排列在前，父类异常排列在后。

3. 写出以下程序的运行结果

程序 1：

```
and
```

程序 2：

```
try
finally
1
```

程序 3：

```
c
x
```

4. 编程题

（1）从键盘输入一个十六进制数，将其转化为十进制数输出。如果输入的不是一个有效的十六进制数，则抛出异常。

【参考程序】程序文件名为 ex9_1.java

【说明】定义一个类 NotHexException 用来表达非十六进制数的异常。定义一个方法 hexValue()，用来将十六进制数转换为十进制数，十六进制数只限 0～9、A～F、a～f 的字符。在 main()方法中首先输入一个十六进制字符串，然后将每位字符转换为对应的十进制，并用按位乘以基数 16 进行拼接转换为十进制。

（2）编写一个程序计算两个复数之和，输入表达式为（2，3i）+（4，5i），则结果为（6,8i）。如果输入错误，则通过异常处理提示错误。注意，两个复数之间的分隔符是"+"，可编写一个方法将带括号形式的复数字符串转化为实际的复数对象。用取子串的办法提取数据，一个复数内 x、y 部分的分隔符是逗号。

【参考程序】程序文件名为 ex9_2.java

【说明】利用字符串的处理方法将两个复数分离出来，并创建相应的复数对象，调用复数的 add 方法进行计算。

（3）编写一个方法计算两个正整数的最大公约数，如果方法参数为负整数值，则方法将产生 IllegalArgumentException 异常，编程验证方法的设计。

【参考程序】程序文件名为 ex9_3.java

（4）编写一个彩票中奖程序，随机产生一个中奖整数，用户可以循环输入猜测的数字串，如果输入的数字不是中奖整数，则显示"没有中奖"。在 3 种情形下将结束循环，第 1 种情形是用户输入"quit"结束循环；第 2 种情形是用户输入"give me hint!"这个后门查看显示中奖号码，也结束循环；第 3 种情形是用户猜中了中奖整数，则输出"你中奖了！"，同样结束循环。其他输入视为非法，提示用户输入一个整数。

【参考程序】程序文件名为 ex9_4.java

【说明】由于此程序可以让用户猜无数次，但考虑当输入整数较大时，用户猜中的概率也比较小，所以安排循环外产生一个整数。在循环内要处理用户的各种输入情形。要先处理退出和给暗示的情形，再处理是否中奖的情形，用户其他非法输入可通过异常处理来解决。

第 9 章

第 10 章　Java 绘图

10.1　知 识 要 点

10.1.1　各类图形的绘制

Java 可以在图形部件上绘制图形，在图形部件上绘制图形可以通过编写 paint()方法来实现。图形部件的重绘过程中涉及 3 个方法，它们的调用次序如下：

repaint()→update(g)→paint(g)

借助图形部件的"画笔"（Graphics）对象可调用表 10-1 所示的方法实现各类图形的绘制。在执行 paint()方法时，其参数为"画笔"对象，在其他情形下，可通过图形部件的 getGraphics()方法得到"画笔"。

表 10-1　Graphics 对象的常用图形绘制方法

方 法 名	描　　述
drawString(String s, int x,int y);	绘制文字
drawLine(int x1, int y1, int x2, int y2)	绘制直线
drawRect(int x, int y, int width, int height)	绘制矩形
drawOval(int x, int y, int width, int height)	绘制椭圆
drawPolygon(int[] xPoints, int[] yPoints, int nPoints)	绘制多边形
drawArc(int x, int y, int width, int height, int startAngle, int arcAngle)	绘制圆弧
drawRoundRect(int x, int y, int width, int height, int arcWidth, int arcHeight)	绘制圆角矩形
fillOval(int x, int y, int width, int height)	绘制填充椭圆
fillRect(int x, int y, int width, int height)	绘制填充矩形
fillRoundRect(int x, int y, int width, int height, int arcWidth, int arcHeight)	绘制填充圆角矩形
fillArc(int x, int y, int width, int height, int startAngle, int arcAngle)	绘制填充扇形

10.1.2　控制颜色和字体

（1）Color 包含红、绿、蓝的组合，构造方法有以下几个。

❑　public Color(int Red, int Green, int Blue)：每个参数的取值范围为 0～255。

❑　public Color(float Red, float Green, float Blue)：每个参数的取值范围为 0.0～1.0。

❑　public Color(int c)：一个参数包含红、绿、蓝三种颜色信息。

Color 类提供了一些常用颜色常量，如 Color.red 代表红色。

（2）定义字体对象用如下方法：

```
Font myFont = new Font("宋体", Font.BOLD, 12);
```

其中，第 1 个参数为字体名，第 2 个参数为代表风格的常量，第 3 个参数为字体大小。Font 类中定义了 3 个常量，即 Font.PLAIN、Font.ITALIC 和 Font.BOLD，分别表示普通、斜体和粗体。

借助表 10-2 所示的方法可设置画笔或部件使用的字体和颜色。

表 10-2　设置颜色和字体

方　法　名	描　　　述
void setColor(Color c)	设置画笔颜色
Color getColor()	读取画笔颜色
void setFont(Font c)	设置画笔或部件字体
Font getFont()	读取当前使用字体
void setBackground(Color c)	设置部件的背景颜色
void setForeground(Color c)	设置部件的前景颜色

10.1.3　绘制图像

第 1 步：利用图形部件的 getToolKit()方法可得到 Toolkit 对象，利用 Toolkit 对象的 getImage()方法可获取图像对象，方法中的两个参数分别为图像的 URL 位置和图像的文件名称。

public Image getImage(URL url, String file)

第 2 步：利用画笔的如下方法在图形部件中绘制图像。

public void drawImage(Image img, int x, int y, ImageObserver obs)

坐标规定图像的左上角位置，最后一个参数 ImageObserver 表示观察者，一般用图形部件作为观察者，所以通常写为 this。

为了改进画面的绘制效果，经常利用双缓冲区绘图。即开辟一个内存缓冲区，将图像先绘制在该区域，再将缓冲区的图形绘制到图形部件上。具体步骤如下。

（1）建立图形缓冲区，调用图形部件的如下方法：

Image createImage(int width, int height)

（2）使用 Image 对象的 getGraphics()方法得到其 Graphics 对象。

（3）利用得到的 Graphics 对象在内存缓冲区绘图。

（4）利用图形部件的画笔的 drawImage()方法将缓冲区的 Image 绘制到图形部件上。

10.1.4　Java 绘图模式

Java 图形绘制中提供了如下两种绘图模式。

（1）覆盖模式：将绘制的图形像素覆盖屏幕上绘制位置的已有像素信息。默认的绘图模式为覆盖模式。

（2）异或模式：将绘制的图形像素与屏幕上绘制位置的像素信息进行异或运算，以运算结果作为显示结果。异或模式由 Graphics 类的 setXORMode()方法来设置，格式如下：

```
setXORMode(Color c)                    //参数 c 用于指定 XOR 颜色。
```

10.1.5　Java 2D 绘图

Graphics2D 在其父类功能的基础上做了新的扩展，为二维图形的几何形状控制、坐标变换、颜色管理以及文本布置等提供了丰富的功能。Java 2D 提供了丰富的属性，用于图形指定颜色、线宽、填充图案、透明度和其他特性。

Java 2D 图形绘制步骤如下。

（1）获得一个 Graphics2D 类的对象。

```
Graphics2D   g2d = (Graphics2D)g;
```

（2）定义 2D 图形对象（在 java.awt.geom 包中给出了各类图形类）。

（3）利用 draw()方法绘制图形或者利用 fill()方法绘制填充图形。

还可以通过以下方法设置画笔的线条、图形填充方式及各类坐标变换。

❑　使用 setPaint()方法来设置填充着色方式。

❑　使用 setStroke()方法来设置画笔线条特征。

❑　使用 transform()方法来设置图形变换方式。

10.2　实　验　指　导

10.2.1　实验目的

（1）掌握图形绘制方法，了解控制图形输出时的坐标位置变化。

（2）熟悉字体和颜色的控制方法。

（3）了解图像绘制，利用双缓冲区改进图像显示效果。

10.2.2　实验内容

1. 样例调试

【基础训练 1】绘制同心圆。

【目标】熟悉如何在不同图形部件中进行图形绘制。

（1）在窗体内绘制同心圆。

【参考程序】程序文件名为 MyFrame.java

```java
import java.awt.*;
public class MyFrame extends Frame {
    public void paint(Graphics g){
        int x = getWidth();                        //获取窗体的长和宽
        int y = getHeight();
        int w = Math.min(x,y);
        g.drawString(""+w,30,250);                 //绘制出 w 的值
        for(int k=1;k<w/10;k++)                     //用循环控制各圆的大小及位置
            g.drawOval(10*k,10*k,w-20*k,w-20*k);
    }

    public static void main(String args[ ]) {
        Frame x = new    MyFrame();
        x.setSize(300,300);
        x.setVisible(true);
    }
}
```

【说明】程序执行结果如图 10-1 所示。paint()方法是针对 MyFrame 窗体。可以看出绘制的圆的线条部分超出窗体了，原因在于窗体上面部分留给菜单条了，在进行图形绘制时要注意垂直坐标不能太小，否则看不见绘制的内容。

图 10-1　在窗体中绘制同心圆

（2）在画布上绘制同心圆。

【参考程序】程序文件名为 MyCanvas.java

```java
import java.awt.*;
public class MyCanvas extends Canvas {
    public void paint(Graphics g){
        int x = getWidth();                        //获取画布的长和宽
        int y = getHeight();
        int w = Math.min(x,y);
        g.drawString(""+w,30,250);                 //绘制出 w 的值
        for(int k=1;k<w/10;k++)                     //用循环控制各圆的大小及位置
            g.drawOval(10*k,10*k,w-20*k,w-20*k);
```

```
    }
    public static void main(String args[ ]) {
        Frame x = new    Frame();
        x.add(new MyCanvas());
        x.setSize(300,300);
        x.setVisible(true);
    }
}
```

【**说明**】程序执行结果如图 10-2 所示。paint()方法在 MyCanvas 类型的画布中定义，要将画布加入窗体中才可看见画布。结果显示实际加入窗体的画布的高度仅有 263 像素。

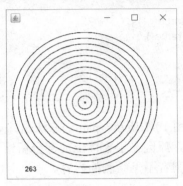

图 10-2   在画布上绘制同心圆

【**基础训练 2**】绘制有重叠区域的不同颜色的圆。

【**目标**】理解覆盖绘图方式和异或绘图方式的差异。

【**参考程序**】程序文件名为 MyCanvas2.java

```
import java.awt.*;
public class MyCanvas2 extends Canvas {
    public void paint(Graphics g){
        //g.setXORMode(getBackground());              //设置异或绘图方式
        g.setColor(Color.red);
        g.fillOval(20,20,80,80);                      //绘制红色圆
        g.setColor(Color.blue);
        g.fillOval(80,40,80,80);                      //绘制蓝色圆
        g.setColor(Color.green);
        g.fillOval(40,50,80,80);                      //绘制绿色圆
    }

    public static void main(String args[ ]) {
        Frame x = new    Frame();
        x.add(new MyCanvas2());
        x.setSize(180,180);
        x.setVisible(true);
    }
}
```

　　程序运行结果如图 10-3（a）所示，如果改为异或方式绘图，则程序运行结果如图 10-3（b）所示。思考如果是异或绘图方式下在红色圆处再绘制一个红色圆，结果如何？

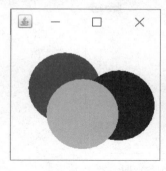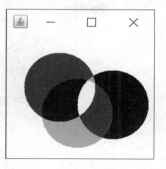

　　　　　（a）覆盖方式绘图　　　　　　　　　　　　　（b）异或方式绘图

图 10-3

【基础训练 3】练习 2D 绘图。

【目标】理解 Java 2D 绘图方法的使用。

【参考程序】程序文件名为 Java2D.java

```
import java.awt.*;
import java.awt.geom.*;
public class Java2D extends Canvas {
    public void paint(Graphics g) {
        Graphics2D g2d = (Graphics2D) g;
        Ellipse2D ty = new Ellipse2D.Double(20, 30, 80, 30);          //椭圆对象
        AffineTransform trans = new AffineTransform();
        for (int k = 1; k <= 36; k++) {
            trans.rotate(10.0 * Math.PI / 180, 80, 80);               //坐标变换旋转 10°
            g2d.setTransform(trans);
            g2d.draw(ty);                                             //在新的坐标变换中绘制图形
        }
        String s = "---";
        g.setFont(new Font("宋体", Font.BOLD, 18));
        for (int k = 1; k <= 36; k++) {
            trans.rotate(10.0 * Math.PI / 180, 160, 160);
            g2d.setTransform(trans);
            g2d.drawString(s, 160, 160);
        }
    }

    public static void main(String args[ ]) {
        Frame x = new Frame();
        x.add("Center", new Java2D());
        x.setSize(250, 200);
        x.setVisible(true);
    }
}
```

程序运行结果如图 10-4 所示。分析思考程序运行结果，修改程序设法加入延时处理，从而看清绘制过程。

图 10-4　绘制条形图

2. 编程练习

（1）在窗体内的一个画布中绘制 19×19 的围棋棋盘，棋盘占据画布大小的 90%，周边留出少量空白，画布的背景颜色在黄、白、橙几种颜色之间随机确定。

（2）在窗体中安排一个画布，从 52 张扑克牌的图像中随机选取 13 张扑克在画布上绘制显示出来，模拟打扑克时的扑克层叠排放情形进行排列。

10.3　习 题 解 析

1. 选择题

（1）A　　　（2）C　　　（3）B

2. 编程题

（1）利用随机函数产生 10 个 1 位整数给数组赋值，根据数组中元素值绘制一个条形图。

【参考程序】 程序文件名为 ex10_1.java

【说明】 在一个画布上绘制图案。根据数组元素值的大小控制矩形的高度，各矩形宽度相同，矩形左上角位置的 x 坐标递增，y 坐标和数组元素值相关。

程序运行结果如图 10-5 所示。

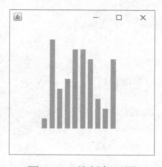

图 10-5　绘制条形图

（2）在一块画布中绘制可变大小的杨辉三角形。

```
1
1   1
1   2   1
1   3   3   1
```

【注意】行数由命令行参数提供，是取值范围为 3～8 的一个值。

【参考程序】程序文件名为 ex10_2.java

（3）绘制一个长为 70、宽为 50 的矩形，在不清除原有图形的情况下，利用 Java 2D 图形的坐标旋转变换得到新矩形，每次旋转的步长为 10°，最后旋转到 360° 为止。假设矩形左上角坐标为（150，170），旋转变换的坐标中心点为（150，150）。

【参考程序】程序文件名为 ex10_3.java

程序运行结果如图 10-6 所示。

图 10-6　通过旋转变换绘制图案

（4）国际象棋棋盘是由 64 个黑白相间的方格组成，在画布中绘制一个国际象棋棋盘。

【参考程序】程序文件名为 ex10_4.java

程序运行结果如图 10-7 所示。

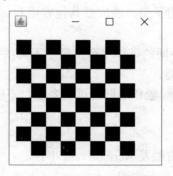

图 10-7　绘制国际象棋棋盘

第 10 章

第 11 章　图形用户界面编程基础

11.1　知 识 要 点

11.1.1　容器、布局和部件

所有的 GUI 标准组件都是 AWT 包中的 Component 类的子类。GUI 部件包括容器部件和实现各类交互的图形部件。Component 类定义了所有 GUI 部件普遍适用的方法，例如：

- ❑　Color getBackground()：获取部件的背景色。
- ❑　Font getFont()：获取部件的显示字体。
- ❑　Graphics getGraphics()：获取部件的画笔（Graphics 对象）。
- ❑　void setBackground(Color c)：设置部件的背景。
- ❑　void setEnabled(boolean b)：是否让部件功能有效。
- ❑　void setFont(Font f)：设置部件的显示字体。
- ❑　void setSize(int width,int height)：设置部件的大小。
- ❑　void setVisible(boolean b)：设置部件是否可见。
- ❑　void setForeground(Color c)：设置部件的前景色。
- ❑　void requestFocus()：让部件得到焦点。

（1）关于 AWT 容器（Container）。

Container 是 Component 的子类，能放置其他容器和部件。调用容器对象的 add()方法将某部件加入容器中。

窗体（Window）容器在不同的操作平台上显示不同的外观。Window 是一个抽象类，Frame 是用来表达窗体的具体类。

面板（Panel）容器是没有标题和边框的透明容器，不能单独存在，必须加入窗体等其他容器中使用。

（2）几个简单 GUI 部件。

- ❑　按钮（Button）：单击触发 ActionEvent 事件。
- ❑　标签（Label）：只能显示内容。
- ❑　文本框（TextField）：只能编辑显示一行内容，按回车键触发 ActionEvent 事件。
- ❑　文本域（TextArea）：可编辑多行文本。

（3）布局管理器。

Java 通过布局管理器安排部件在容器中的位置，以支持跨平台的动态布局效果。常见布局管理器有 5 种，如表 11-1 所示。

表 11-1　常见布局管理器及特点

布　　局	特　　点
FlowLayout 布局	组件按照加入的先后顺序从左到右排放,放不下再换至下一行,部件大小不变,是 Panel 的默认布局
BorderLayout 布局	将容器分为东（East）、南（South）、西（West）、北（North）、中（Center）5 个区域,加入组件用命令:add（方位名字符串,组件）。是 Frame、Dialog 的默认布局
GridLayout 布局	将容器空间分为若干行乘若干列的网格区域,组件按从左到右、从上到下的次序被加到各单元格中,组件的大小将调整为与单元格大小相同
CardLayout 布局	将组件叠成卡片的形式,每个组件占用一块卡片,通过卡片的翻动选择要显示的组件
GridBagLayout 布局	在 GridLayout 的基础上发展而来,将整个容器分成若干行、列组成的单元,但各行可以有不同的高度,每栏也可以有不同的宽度,一个部件可以占用一个或多个单元格

11.1.2　事件处理

（1）Java 事件处理机制。

涉及对象有事件源、事件、事件处理者（监听者）。事件源是发生事件的对象；事件是提供事件相关信息的对象；事件处理者则是消化事件,完成特定处理的对象。

Java 采用委托（授权）事件处理机制,事件源对其可能发生的事件分别授权不同的事件处理者处理；事件源对象通过如下方法注册监听者:

addXXXListener(XXXListener a);

其中,XXX 与相应事件类型相关,例如,按钮单击的动作事件对应标记为"Action"。

事件处理者（监听者）必须实现某类事件相对应的接口,只有符合接口规范的对象才能作为事件处理者,通过编写相应方法实现事件的处理。

事件源对象要注销监听者使用如下方法:

removeXXXListener(XXXListener a);

（2）事件与事件处理接口。

Java 为每类事件提供了一个相应的接口。XXXEvent 对应的事件处理接口通常为XXXListener,但鼠标事件（MouseEvent）对应的事件处理接口有两个,一个是 MouseListener,另一个是 MouseMotionListener,它们分别用来处理鼠标的移动（含拖动）和鼠标的单击动作。各类接口的事件处理方法见表 11-2。

表 11-2　AWT 事件接口及处理方法

描 述 信 息	接 口 名 称	方法（事件）
单击按钮、单击菜单项、文本框按回车键等动作	ActionListener	actionPerformed(ActionEvent)
选择了可选项的项目	ItemListener	itemStateChanged(ItemEvent)

续表

描 述 信 息	接 口 名 称	方法（事件）
文本部件内容改变	TextListener	textValueChanged(TextEvent)
移动了滚动条等组件	AdjustmentListener	adjustmentVlaueChanged (AdjustmentEvent)
鼠标移动	MouseMotionListener	mouseDragged(MouseEvent) mouseMoved(MouseEvent)
鼠标按下、单击等	MouseListener	mousePressed(MouseEvent) mouseReleased(MouseEvent) mouseEntered(MouseEvent) mouseExited(MouseEvent) mouseClicked(MouseEvent)
键盘输入	KeyListener	keyPressed(KeyEvent) keyReleased(KeyEvent) keyTyped(KeyEvent)
组件收到或失去焦点	FocusListener	focusGained(FocusEvent) focusLost(FocusEvent)
组件移动、缩放、显示/ 隐藏等	ComponentListener	componentMoved(ComponentEvent) componentHidden(ComponentEvent) componentResized(ComponentEvent) componentShown(ComponentEvent)
窗口事件	WindowListener	windowClosing(WindowEvent) windowOpened(WindowEvent) windowIconifed(WindowEvent) windowDeiconifed (WindowEvent) windowClosed(WindowEvent) windowActived(WindowEvent) windowDeactived(WindowEvent)
容器增加/删除组件	ContainerListener	componentAdded(ContainerEvent) componentRemoved(ContainerEvent)

（3）关于事件适配器类。

对于具有多个方法的监听者接口，Java 提供了事件适配器类，这个类命名为 XxxAdapter，在该类中以空方法体实现了相应接口的所有方法，编程者可以通过继承适配器类来编写监听者类，在类中只需给出关心的方法。

（4）在事件处理代码中区分事件源。

在事件处理代码中可通过相应的方法得到事件源对象或与事件源相关的信息，见表 11-3，通过这些信息可区分事件源。

表 11-3　在事件处理代码中区分事件源

事 件 类 型	方　　法	作　　用
ActionEvent	getSource()	返回事件对象对应的事件源对象

续表

事件类型	方　法	作　用
	getActionCommand()	返回动作命令字符串
WindowEvent	getWindow()	返回窗体事件对应的窗体对象
ItemEvent	getItemSelectable()	返回选择事件对应的事件源对象
KeyEvent	getKeyChar()	返回键盘事件按键对应的字符
	getKeyCode()	返回键盘事件按键的编码值

11.2　实　验　指　导

11.2.1　实验目的

（1）掌握图形用户界面的布局设置。

（2）掌握事件驱动编程的特点，如何区分事件源。

（3）掌握文本框、文本域、标签、按钮等部件的操作方法。

（4）掌握鼠标事件与键盘事件编程（低级事件）。

11.2.2　实验内容

1. 样例调试

【基础训练 1】单击按钮随机改变窗体的背景颜色。

【目标】了解图形界面的布局、事件处理特点。

（1）创建窗体并让窗体可见。

【参考程序】程序文件名为 ChangeColor.java

```java
import java.awt.*;
public class ChangeColor extends Frame {
    public ChangeColor() {
        super("更改背景");
        setSize(300,300);
        setVisible(true);
    }

    public static void main(String args[ ]) {
        new ChangeColor( );
    }
}
```

调试程序，观察窗体是否可见，将 setVisible()方法调用行注释掉，再调试观察运行结果。体会各行语句的作用。

（2）在窗体中添加一个按钮。

将构造方法修改如下：

```
public ChangeColor( ) {
    super("更改背景");
    setLayout(new FlowLayout( ));
    Button btn = new Button("更改背景");
    add(btn);
    setSize(300,300);
    setVisible(true);
}
```

调试程序，观察窗体内容的变化。总结新加入的各行语句的作用。单击按钮是否有反应。

（3）给按钮注册事件监听者。

① 在类前增加如下 import 语句：

```
import java.awt.event.*;
```

② 在类头声明实现动作监听者接口：

```
public class   ChangeColor extends Frame implements ActionListener
```

③ 在构造方法中给按钮注册动作事件监听者。

```
btn.addActionListener(this);
```

④ 在类中增加 actionPerformed 方法，方法内代码用随机产生的颜色设置背景。

```
public void actionPerformed(ActionEvent e)
    Color c = new Color((int)(Math.random( )*256),
       (int)(Math.random( )*256), (int)(Math.random( )*256));
    setBackground(c);
}
```

调试程序，分析以上各步在事件处理中的作用。

【思考】修改事件的监听者，采用内嵌类或匿名内嵌类实现，应如何做？

【基础训练2】在一个画布中绘制圆，通过窗体中按钮控制圆的颜色随机变化。

【目标】了解如何在两个类之间传递信息。

（1）编写一个个性化的画布，将其作为 MyFrame 的属性，这样可方便在 MyFrame 窗体中访问和操纵画布对象。

【参考程序】程序文件名为 MyFrame.java

```
import java.awt.*;
import java.awt.event.*;
public class MyFrame extends Frame implements ActionListener{
    MyCanvas a = new MyCanvas();            //将画布定义为 MyFrame 的属性
```

```
    public   MyFrame(String str) {
        super(str);
        this.add("Center",a);
        Button b=new Button("push");
        add("South",b);
        b.addActionListener(this);
        setSize(300,300);
        setVisible(true);
    }

    public void actionPerformed(ActionEvent e){
        a.c = new Color((int)(Math.random()*0xffffff));   //设置画布的 c 属性
        a.repaint();                                       //让画布重绘
    }

    public static void main(String   args[]){
        new MyFrame("测试");
    }
}

class MyCanvas extends Canvas {
    Color c;                             //将圆的颜色作为属性，以便能通过对象访问

    public void paint(Graphics g) {                //画布的绘制方法
        g.setColor(c);
        g.fillOval(80,80,100,100);
    }
}
```

【练习】将画布改成按钮或者面板，只需要改变 MyCanvas 的继承关系，测试效果。
（2）将画布改成面板，在面板中加入一个按钮，由按钮控制面板背景色随机变化。
【参考程序】程序文件名为 MyFrame2.java

```
import java.awt.*;
import java.awt.event.*;
public class MyFrame2 extends Frame implements ActionListener{
    My a = new My();

    public MyFrame2(){
        this("hi");                              //调用窗体的另一个构造方法
    }

    public   MyFrame2(String str) {
        super(str);
        this.add("Center",a);
        Button b=new Button("push");
        add("South",b);
        b.addActionListener(this);
        setSize(300,300);
```

```
            setVisible(true);
        }

        public void actionPerformed(ActionEvent e){
            a.c = new Color((int)(Math.random()*0xffffff));
            a.repaint();
        }

        public static void main(String   args[ ]){
            new MyFrame2("测试");
            new MyFrame2();
        }
}

class My extends Panel implements ActionListener{
    Color c;

    public My(){
        Button b1=new Button("change");
        add(b1);
        b1.addActionListener(this);
    }

    public void actionPerformed(ActionEvent e){
        Color c = new Color((int)(Math.random()*0xffffff));
        setBackground(c);
    }

    public void paint(Graphics g) {
        g.setColor(c);
        g.fillOval(80,80,100,100);
    }
}
```

【运行结果】运行程序可看到两个窗体，如图 11-1 所示。

 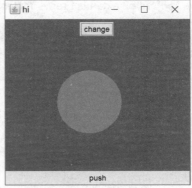

图 11-1　创建两个窗体并控制各自颜色变化

　　【思考】如果将 MyFrame2 中的 a 属性添加 static 修饰，程序还能编译通过吗？运行结果又有什么变化？仔细体会 static 修饰的作用，思考此处是否适合添加 static 修饰符。

　　【基础训练 3】在应用程序窗体中安排两个文本框分别用来输入两个整数，两个按钮分别为"+"和"*"，一个结果标签。单击按钮"+"将两个文本框的数据做加法运算；单击按钮"*"做乘法运算，将结果显示在标签中。

　　【目标】了解在同一事件处理方法中如何区分事件源。

　　【参考程序】程序文件名为 TwoSource.java

```java
import java.awt.*;
import java.awt.event.*;
public class  TwoSource    extends Frame implements ActionListener {
    Label res;
    TextField f1,f2;

    public   TwoSource( ){
            f1 = new TextField(20);
            f2 = new TextField(20);
            Button b1 = new Button("+");
            Button b2 = new Button("*");
            res = new Label("   运算结果   ");
            setLayout(new GridLayout(3,2));
            add(f1);   add(f2);
            add(b1);    add(b2);    add(res);
            b1.addActionListener(this);
            b2.addActionListener(this);
    }

    public void actionPerformed(ActionEvent e) {
            int x1 = Integer.parseInt(f1.getText( ));
            int x2 = Integer.parseInt(f2.getText( ));
            if (e.getActionCommand().equals("+"))    //区分用户单击的是哪个按钮
                    res.setText(""+(x1+x2));
            else
                    res.setText(""+(x1*x2));
    }

    public static void main(String args[ ]) {
            Frame    my = new TwoSource( );
            my.setSize(200,200);
            my.setVisible(true);
    }
}
```

　　【说明】本例在一个事件处理程序中有来自两个事件源的事件，因此在处理时要区分处理，区分命令按钮有两种办法：一种是通过按钮的命令名（默认是按钮上的文本），实际是进行字符串的比较；另一种是通过事件的 getSource()方法得到事件源对象，但这次比较的是对象引用是否一致。

　　【思考】利用匿名内嵌类为以上问题的每个事件源单独编写一段事件处理代码，这样在事件处理时就不用区分事件源。

　　【综合样例】编写一个鼠标位置跟踪程序，在鼠标当前位置画红色小圆。

　　【目标】理解鼠标事件处理与异或绘图运用。

　　【参考程序】程序文件名为 TraceMouse.java

```java
import java.awt.*;
import java.awt.event.*;
public class TraceMouse extends Frame implements MouseMotionListener {
    private static final int RADIUS = 7;
    private int posx = 10, posy = 10;

    public void paint(Graphics g) {
        //在鼠标当前位置画红色小圆
        g.setColor(Color.red);
        g.fillOval(posx - RADIUS, posy - RADIUS, RADIUS * 2, RADIUS * 2);
    }

    /*对鼠标移动事件进行处理  */
    public void mouseMoved(MouseEvent event) {
        posx = event.getX();
        posy = event.getY();
        repaint();                          //在新位置重绘
    }

    public void mouseDragged(MouseEvent e) {
        System.out.println(e);
    }

    public static void main(String args[ ]) {
        TraceMouse f = new TraceMouse();
        f.setSize(200,200);
        f.setVisible(true);
        f.addMouseMotionListener(f);        //对鼠标移动事件注册监听者
    }
}
```

图 11-2 为程序运行情况。鼠标拖动时注意观察控制台上输出。

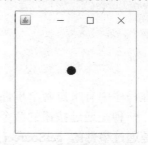

图 11-2　小圆跟踪鼠标移动

　　【说明】调试该程序会发现，鼠标移动时红色小圆将紧跟鼠标位置，但拖动鼠标时小圆不移动，原因是只处理了鼠标移动事件。另一个问题是在移动鼠标的过程中窗体的画面会出现闪烁现象，原因在于 repaint() 方法将调用 update() 方法，而 update() 方法每次执行 paint() 方法前将清除部件的画面内容，这样视觉上容易产生闪烁感。

　　消除闪烁可以用异或绘图方式，这种方式在同一位置重绘相同圆会擦除先前绘制的圆。以下程序没有调用 repaint() 方法，而是在事件处理代码中直接获取画笔对象进行绘图。

　　【参考程序】程序文件名为 TraceMouse2.java

```java
import java.awt.*;
import java.awt.event.*;
public class TraceMouse2 extends Frame implements MouseMotionListener {
    private static final int RADIUS = 7;
    private int posx = 10, posy = 10;

    public void paint(Graphics g) {
        // 在鼠标位置画最初的红色小圆
        g.setColor(Color.red);
        g.fillOval(posx - RADIUS, posy - RADIUS, RADIUS * 2, RADIUS * 2);
    }

    /* 对鼠标移动事件进行处理 */
    public void mouseMoved(MouseEvent event) {
        Graphics g = getGraphics();                                  //获取画笔对象
        g.setXORMode(getBackground());                               //设置异或模式
        g.setColor(Color.red);
        g.fillOval(posx - RADIUS, posy - RADIUS, RADIUS * 2, RADIUS * 2); //擦除上一个小圆
        posx = event.getX();
        posy = event.getY();                                         //得到新位置
        g.fillOval(posx - RADIUS, posy - RADIUS, RADIUS * 2, RADIUS * 2); //绘制新的小圆
    }

    public void mouseDragged(MouseEvent event) {    }

    public static void main(String args[ ]) {
        TraceMouse2 f = new TraceMouse2();
        f.setSize(200,200);
        f.setVisible(true);
        f.addMouseMotionListener(f);                                 //对鼠标移动事件注册监听者
    }
}
```

　　【思考练习】给窗体注册鼠标事件监听者，补充程序的接口及实现方法，在每个方法的事件处理代码中设置输出语句输出事件对象，观察各类事件的发生时机。

　　2. 编程练习

　　（1）编写一个实现加法表达式计算的窗体应用，提供一个文本框用来输入加法表达式（例如：2+5+12+3），另外提供一个按钮和一个标签，单击按钮，在标签中显示表达式的

计算结果。（提示：可以利用字符串的 split 方法来分离字符串中的数据。）

（2）编写一个图片翻阅程序，在窗体中安排"上一张""下一张"两个按钮，通过操作按钮可前后翻阅图片。

11.3　习　题　解　析

1. 选择题

（1）BD　　　（2）B　　　（3）B　　　（4）B　　　（5）B

2. 编程题

（1）编写窗体应用程序，实现人民币与欧元的换算。在两个文本框中分别输入人民币值和汇率，单击"转换"按钮，在结果标签中显示欧元值，单击窗体的关闭图标可实现窗体的关闭。

【参考程序】程序文件名为 ex11_1.java

（2）编写窗体应用程序，统计一个文本域输入文本的行数、单词数和字符数。可在图形界面中安排一个按钮、一个文本域和一个标签，单击按钮开始统计，在标签中显示结果。

【参考程序】程序文件名为 ex11_2.java

【说明】在图形界面中安排文本域输入数据，安排一个按钮触发统计操作，另外安排一个标签显示结果。界面采用 GridLayout 布局。统计文本域中数据的字符数和行数均比较简单，统计单词数要考虑的因素比较多，为简化处理，引入一个变量 startOfWord 记录当前字符是否为单词开始，只有为单词开始时才进行单词计数统计，因此，在处理当前的字母字符时，还要往回看一个字符。

（3）设有一批英文单词存放在一个数组中，编制一个图形界面程序浏览单词。在界面中安排一个标签显示单词，另有"上一个""下一个"两个按钮实现单词的前后翻动。

【参考程序】程序文件名为 ex11_3.java

【说明】引入一个位置变量 s 记录当前浏览的单词在数组中的位置，通过按钮翻动单词就是改变该变量的值。

（4）编写数字的英文单词显示程序，窗体中安排一个文本框、一个按钮和一个标签，从文本框输入一个数字（0～9），单击按钮将其对应的英文单词（如 zero、one、two 等）显示在标签中。若进一步扩展数据的范围（如 0～100），如何修改程序实现翻译？

【参考程序】程序文件名为 ex11_4.java

【说明】程序中仅给出简单情形处理，读者可自行扩充。显示 0～9 的情形，只要将单词存到一个字符串数组 word 中，第 0 个位置对应 zero，按顺序排列即可。显示 10～19 的情形可定义在另一个数组中，而 20～99 的情形，则只需要将 20、30、40 等放在一个数组中，十位数字显示该数组中元素，而个位显示 word 数组中元素即可。数字 100 需要单独处理。

（5）利用鼠标事件实现一个用拉橡皮筋方式绘制直线的程序。按下鼠标左键的位置为始点，拖动鼠标至终点，在始点和终点之间绘制直线，在拖动鼠标的过程中，总在始点和鼠标位置绘制直线，但只有最后释放鼠标时所得直线为最终需要的直线。

【参考程序】程序文件名为 ex11_5.java

【思考】如果要将前面绘制的直线保存下来，则要利用数组或数组列表等将各条直线的 x、y 坐标保存下来。在绘制时用循环将所有元素代表的直线绘制出来。

（6）利用随机函数产生 20～50 根火柴，由人与计算机轮流拿，假设每次拿的数量不超过 3 根，拿到最后一根为胜。编写一个图形界面应用程序实现游戏的交互。

【参考程序】程序文件名为 ex11_6.java

【说明】程序运行涉及两个画面，图 11-3 所示为对拿火柴画面，在这个画面中通过一个画布绘制出火柴的剩余数量。图 11-4 为显示胜者以及重新开始游戏的控制画面。这两个画面通过卡片布局进行安排。程序中将人拿和计算机拿的验证处理分别用方法来实现，最后结束处理也安排在一个方法中，这样代码清晰且利于复用。人拿火柴由人决定，只是要检查在 1～3 根。而计算机拿火柴则要考虑先选择能赢的拿法，考虑当剩余火柴为 4 的倍数时，谁拿就对谁不利。因此，计算机的拿法就是先考虑拿完后使剩余火柴为 4 的倍数。那么拿的数量只要将火柴数除以 4 取余即可，如果自己处于不利情形则随机拿。

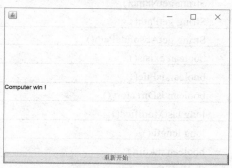

图 11-3　人机对拿火柴游戏　　　　图 11-4　显示谁胜以及重新开始

（7）在一块画布上绘制 19 行 19 列的围棋棋盘，利用鼠标事件处理实现一个五子棋人机对弈程序。每次运行随机决定谁先落子。

【参考程序】程序文件名为 ex11_7.java

【说明】计算机下棋涉及选择落子位置的问题，要从棋盘上选择价值最大的位置进行落子，价值相同的情况下，从候选位置中随机选择一个位置落子。如果出现本方能 5 子连线直接取胜的情况，则相应位置优先考虑。其他情形则根据现在棋盘棋子的状况来计算各处的价值。为提升计算机的智能，读者可以在参考程序的基础上进一步优化。

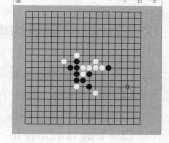

图 11-5　五子棋人机对弈

程序运行界面如图 11-5 所示。

第 11 章

第 12 章　流式输入/输出与文件处理

12.1　知　识　要　点

12.1.1　File 类

借助 File 对象，可以获取文件和相关目录的属性信息。其主要方法见表 12-1。

表 12-1　File 类的主要方法

方　　法	功　　能
String getName()	返回文件名
String getPath()	返回文件或目录路径
String getAbsolutePath()	返回绝对路径
boolean exists()	文件是否存在
boolean isFile()	是否为一个正确定义的文件
boolean isDirectory()	是否为目录
long lastModified()	求文件的最后修改日期
long length()	求文件长度
boolean mkdir()	创建当前目录的子目录
String[] list()	列出目录中的文件
boolean renameTo(File newFile)	重命名文件
void delete()	删除文件
boolean equals(File f)	比较两个文件或目录是否相等

12.1.2　面向字节的输入与输出流

（1）类 InputStream 是面向字节的输入流的根。其主要方法如下。

❑ int read()：读一个字节。

❑ int read(byte b[])：读多个字节到字节数组。

❑ long skip(long n)：输入指针跳过 n 个字节。

（2）类 OutputStream 是面向字节输出流的根，其主要方法如下。

❑ void write(int b) ：将参数 b 的低字节写入输出流。

❑ void write(byte b[])：将字节数组全部写入输出流。

❑ void write(byte b[],int offset, int len)：将字节数组中从 b[offset]开始处的 len 个字节写入输出流。

（3）数据输入流 DataInputStream 实现各种类型数据的输入，它实现了 DataInput 接口，主要方法有 readByte()、readBoolean()、readShort()、readChar()、readInt()、readLong()、readFloat()、readDouble()、readUTF()等。

（4）数据输出流 DataOutputStream 实现各种类型数据的输出处理，它实现了 DataOutput 接口，主要方法有 writeByte(int)、writeBytes(String)、writeBoolean(boolean)、writeChars(String)、writeInt(int)、writeLong()、writeFloat(float)、writeDouble(double)、writeUTF(String)等。

（5）对象输出流 ObjectOutputStream 和对象输入流 ObjectInputStream 实现对象的串行化处理，它们提供的 writeObject()和 readObject()方法实现了对象的写入和读取。

12.1.3　面向字符的输入与输出流

（1）类 Reader 是面向字符的输入流的根，其提供的方法与 InputStream 类似，只是将基于 byte 的参数改为基于 char 的参数。

基于字符流的数据读写方法与基于字节流的类似，只是将读写的单位由字节改为字符，方法中的字节数组参数相应改为字符数组。例如：

int read(char b[])表示从文件中读数据填满数组，并返回读到的字符数。

（2）类 Writer 是面向字符的输出流类的根，其提供的方法与 OutputStream 类似，只是将基于 byte 的参数改为基于 char 的参数。

（3）类 InputStreamReader 用来将面向字节的数据流包装转换为面向字符的流，常用于从键盘获取输入数据。例如，从键盘输入一行字符串，可用 BufferedReader 的 readLine()方法，但在此之前必须使用 InputStreamReader 将字节流转换为字符流。

```
BufferedReader in = new BufferedReader(new InputStreamReader(System.in));
String x = in.readLine();
```

12.1.4　文件的顺序读写访问

（1）面向字节的文件访问。

以二进制文件作为数据源。FileInputStream 类和 FileOutputStream 类分别用于文件的读、写访问。

（2）面向字符的文件访问。

以字符文件作为数据源。FileReader 类和 FileWriter 类分别用于字符文件的读、写访问。可用 BufferedReader 对 FileReader 流进行过滤，其中的 readLine()方法完成一行内容的读取；可用 BufferedWriter 对 FileWriter 流进行过滤，其中的 newLine()方法可写入一个换行。

12.1.5　文件的随机读、写访问

创建随机访问文件对象时要指定文件访问的"rw"参数，也就是它可以对同一打开文

件进行读、写两种访问。RandomAccessFile 类实现了 DataInput 和 DataOutput 接口，为支持流的随机读写，RandomAccessFile 类还添加定义了如下方法。

- □　long getFilePointer()：返回当前指针。
- □　void seek(long pos)：将文件指针定位到一个绝对地址。
- □　long length()：返回文件的长度。

【注意】地址是相对于文件头的偏移量。地址 0 表示文件的开头。

12.2　实 验 指 导

12.2.1　实验目的

（1）掌握字节流和字符流的特点和处理差异。
（2）了解过滤流的使用。
（3）掌握 File 类的使用。
（4）了解随机文件的使用。
（5）了解流数据访问中各类基本数据类型和对象的读写访问方法。

12.2.2　实验内容

1. 样例调试

【基础训练 1】了解字节流与字符流的使用。

【目标】理解字节流与字符流处理文件的差异性。

【参考程序】程序文件名为 TypeFile.java

（1）调试如下程序，显示源程序文件内容。

```java
import java.io.*;
public class TypeFile {
    public static void main(String args[ ]) throws Exception {
        FileInputStream infile = new FileInputStream("TypeFile.java");
        int byteRead = infile.read();
        while (byteRead != -1) {                    //判断是否读到文件的末尾
            System.out.print((char) byteRead);      //将字节转化为字符显示
            byteRead = infile.read();
        }
    }
}
```

【注意】在 Eclipse 环境下调试该程序时，要将源程序文件拷贝一份在工程的根路径下。观察输出结果，分析汉字为什么会出现乱码。

（2）将程序中的 FileInputStream 改成 FileReader，其他不变。

重新编译和运行程序，观察输出结果，分析汉字为什么能正确显示。

（3）修改程序的输出语句，删除其中的强制转换。

为了看清楚每个数据，应在数据之间加上逗号分隔，语句改成如下形式：

```
System.out.print(byteRead + ",");
```

观察输出结果。特别注意汉字的编码值与普通字符有何差异。

（4）将 FileReader 恢复到 FileInputStream，其他不变。

重新编译和运行程序，观察输出结果，特别注意汉字部分的变化情况。

总结 FileInputStream 和 FileReader 的使用差异。

【基础训练 2】列出当前文件夹下的所有文件。

【目标】了解 File 类的使用。

【参考程序】程序文件名为 DirList.java

```java
import java.io.File;
public class DirList {
    public static void main(String args[ ]) {
        File d = new File(".");                    //代表当前文件夹
        String str[ ] = d.list();
        for (int k = 0; k < str.length; k++)
            System.out.println(str[k]);
    }
}
```

（1）在 DOS 环境下和 Eclipse 环境下分别测试程序的运行。

观察程序的运行结果，输出结果中有正在调试的源程序文件 DirList.java 吗？

（2）将创建 File 对象的参数改为"c:\\"，重新观察程序的运行结果。

【基础训练 3】编程实现任意文件的拷贝，源文件和目的文件名由命令行参数提供。

【目标】演示面向字节的输入/输出流进行文件读写的方法。

【参考程序】程序文件名为 CopyFile.java

```java
import java.io.*;
public class CopyFile {
    public static void main(String args[ ]) {
        if (args.length < 2) {
            System.out.println("usage: java CopyFile sourcefile targetfile");
            System.exit(0);
        }
        byte[ ] b = new byte[1024];
        try {
            FileInputStream infile = new FileInputStream(args[0]);
            FileOutputStream targetfile = new FileOutputStream(args[1]);
            while (true) {
                int byteRead = infile.read(b);        //从文件中读取数据给字节数组
                if (byteRead == -1)                   //在文件尾，无数据可读
                    break;                            //退出循环
```

```
                    targetfile.write(b, 0, byteRead);        //将读取到的数据写入目标文件
                }
                targetfile.close();
                System.out.println("copy success! ");
        } catch (IOException e) {   }
    }
}
```

【基础训练 4】从文件中读写对象。

【目标】理解对象串行化特点。

（1）调试如下程序，查看产生的数据文件位置。

【参考程序】程序文件名为 WriteObj.java

```
import java.io.*;
public class WriteObj {
    public static void main(String args[ ]) throws Exception {
        ObjectOutputStream out = new ObjectOutputStream(
                new FileOutputStream("storedate.dat"));
        out.writeObject("me");                          //写入字符串对象
        out.writeObject(new WriteObj());
        System.out.println("写入完毕");
    }
}
```

编译和运行程序，观察现象，给出分析。

（2）修改程序的类头部分，增加子句"implements Serializable"

编译和运行程序，观察现象，给出分析。

（3）调试以下程序，从文件 storedate.dat 中读取先前写入的对象数据并输出。

【参考程序】程序文件名为 ReadObj.java

```
import java.io.*;
public class ReadObj {
    public static void main(String args[ ]) {
        try {
            ObjectInputStream in = new ObjectInputStream(
                    new FileInputStream("storedate.dat"));
            while (true)
                System.out.println(in.readObject());
        } catch (Exception e) { }
    }
}
```

观察并分析读取到的数据结果是否正确，总结对象串行化的数据读写特点。

【综合样例】编程统计一个文本文件中字符 A 的个数，文件名由命令行参数提供。

【目标】理解文本文件的数据读取和处理方法。

【参考程序】程序文件名为 ReadText.java

```java
import java.io.*;
public class ReadText {
    /* 方法 find 查找字符串 in 中字符 A 的个数 */
    public static int find(String in) {
        int n = 0;
        int counter = 0;
        while (n != -1) {
            n = in.indexOf((int) 'A', n + 1);
            counter++;
        }
        return counter - 1;
    }

    public static void main(String[ ] args) {
        String s = "";
        try {
            int n = 0;
            FileReader file = new FileReader(args[0]);
            BufferedReader in = new BufferedReader(file);
            boolean eof = false;
            while (!eof) {
                String x = in.readLine();              //从文件读一行
                if (x == null) {                       //判断文件是否结束
                    eof = true;
                } else
                    s = s + x;                         //将内容拼接到字符串 s 上
            }
            System.out.print("the number of A is :" + find(s));
            in.close();
        } catch (IOException e) {   }
    }
}
```

【编程技巧】

① 循环利用 BufferedReader 的 readLine()方法从文件读一行内容，读到文件尾部时将返回 null。

② 将读取到的数据拼接到字符串 s 中，输出时调用 find 方法找出 A 的个数。

2. 编程练习

（1）编写程序随机产生 20 个整数，将这些整数分别写入二进制文件和一个文本文件中，用记事本打开查看。分析各自特点。

（2）从一个文本文件中读取若干学生成绩，每个学生成绩占 1 行，统计所有学生成绩的平均分。

12.3　习　题　解　析

1. 选择题

（1）A　　　　（2）A　　　　（3）ABE　　　　（4）ABC

2. 思考题

（1）答：面向字节的输入/输出流操作的数据对象是以字节为单位，也就是二进制数据。而面向字符的输入/输出流操作的数据是以字符为单位，也就是文本数据。

（2）答：System.in 属于 InputStream，从键盘输入一个字符串要先用 InputStreamReader 将字节流转换为字符流，然后用 BufferedReader 对转换后的字符流进行过滤处理，利用其提供的 readLine ()方法读一个字符串。

（3）答：DataInput 接口定义的方法有 readByte()、readBoolean()、readShort()、readChar()、readInt()、readLong()、readFloat()、readDouble()、readUTF()等。DataOutput 接口定义的方法有 writeByte(int)、writeBytes(String)、writeBoolean(boolean)、writeChars(String)、writeInt(int)、writeLong()、writeFloat(float)、writeDouble(double)、writeUTF(String)等。

（4）答：InputStream、OutputStream 处理的数据是字节数据，Reader、Writer 处理的数据是字符数据。它们分别实现相应类型数据流的读写操作。

（5）答：RandomAccessFile 可同时实现读写访问，并可随机读写某个位置；其他类型只能是读或写，且只能按数据流的顺序进行操作访问。RandomAccessFile 实现了 DataInput 和 DataOutput 接口。

3. 编程题

（1）从一个文本文件中读取字符，分别统计其中数字字符、空格以及其他字符的数量。

【参考程序】程序文件名为 ex12_1.java

【说明】通过 BufferedReader 流的 readLine()方法读一行，然后借助字符串处理的方法逐个将字符取出进行判定。

（2）编程将例 12-3 分拆的小文件合并为大文件。

【参考程序】程序文件名为 ex12_2.java

【说明】可以用指定字节数组的大小（程序中为 1024）来读取文件数据，每个文件要分多次读取，写入数据时要根据读到的字节数进行写入。读者也可以思考根据文件大小来定义字节数组的大小，这样每个子文件可一次性进行读取。

（3）利用随机函数产生 20 个整数，按由小到大的顺序排序后写入文件中，然后从文件中读取整数并输出显示。分别用顺序文件和随机文件的读写形式进行编程测试。

方法 1：用顺序文件。

【参考程序】程序文件名为 ex12_3.java

【说明】在文件处理操作中，利用 DataOutputStream 和 DataInputStream 实现对基本类型数据的写入和读取。

方法 2：用随机文件。

【参考程序】程序文件名为 ex12_3_2.java

（4）编写一个学生成绩管理程序，内容包括学号、姓名以及数学、英语、Java 等课程的成绩，设计一个文件管理程序，实现如下功能。

① 输入 10 个学生的数据，写入文件。

② 从文件中读取数据，计算每个学生的所有课程的平均分。

③ 计算全部学生的数学平均分。

【参考程序】程序文件名为 ex12_4.java

【说明】使用 Swing 对话框提供的方法获取输入数据。写入文件的数据以学生对象形式存储，方便进行处理，所以，学生对象的设计要实现 Serializable 接口。

（5）编写一个 Student 类用于描述学生对象，创建若干学生并将其写入文件，然后读出对象，验证显示相应的数据。

【参考程序】程序文件名为 ex12_5.java

【说明】利用对象输出流将学生对象写入文件中，利用对象输入流从文件中读取学生对象。由于要多次从键盘输入学生信息的代码，所以，程序中提供了一个 input()方法实现按提示信息从键盘输入一个字符串的功能。

（6）对例 12-6 进行扩充，使之能将更多的图形元素写入文件，并且与图形绘制程序合并在一起，实现一个较为完整的图形绘制与保存程序。

【参考程序】实现图形对象写入文件的程序文件名为 ex12_6_1.java

【参考程序】读取文件中存储的图形对象并绘制图形的程序文件名为 ex12_6_2.java

【说明】为节省篇幅，程序中仅增加了 Rect 类表示矩形，读者可进一步扩展。

（7）将一个文本文件的内容加上行号后写入另外一个文件，行号假设占用两位，如果行号不足两位，则在前面补 0，行号和内容之间空两个空格。

【参考程序】程序文件名为 ex12_7.java

【说明】针对要读取和写入的文件分别创建 FileReader 流和 FileWriter 流，利用 LineNumberReader 流对 FileReader 进行包装，用其 readLine()方法逐行读取数据，用其 getLineNumber()方法得到行号，在文件写入数据时给每行内容前面添加行号，并在后面添加"\r\n"两个字符，实现内容的分行。

第 12 章

第 13 章 Java 泛型与收集 API

13.1 知 识 要 点

13.1.1 Java 泛型

泛型的本质是参数化类型，即程序中的数据类型被指定为一个参数。泛型在使用时有一些规则和限制，具体如下。

（1）泛型的类型参数只能是类类型（包括自定义类），不能是简单类型。

（2）泛型的类型参数可以有多个。例如：Map<K,V>。

（3）泛型的参数类型可以使用 extends 和 super 来约束，如<T extends Number>，其中 extends 并不代表继承，它是类型范围限制，表示 T≤Number。

（4）泛型的类型参数还可以是通配符类型。例如，ArrayList<? extends Number>表示 Number 范围的某个类型，其中"？"代表未定类型。

13.1.2 Collection 接口

Collection 接口定义了 Collection API 所有低层接口或类的公共方法。表 13-1 列出了该接口的主要方法。

表 13-1 Collection 接口的主要方法及其描述

方　　法	描　　述
boolean add(E obj)	向收集中插入对象
boolean addAll(Collection<? extends E> c)	将一个收集的内容插入进来
void clear()	清除收集中的所有元素
boolean contains(Object obj)	判断某一个对象是否在收集中存在
boolean equals(Object obj)	判断收集与对象是否相等
boolean isEmpty()	收集是否为空
Iterator<E> iterator()	获取收集的 Iterator 接口实例
boolean remove(Object obj)	删除指定对象
boolean removeAll(Collection<?> c)	删除一组对象
int size()	求出收集的大小
Object[] toArray()	将收集变为对象数组
<T> T[] toArray(T[] a)	将收集转换为特定类型的对象数组

使用迭代子可逐一访问 Collection 对象中的各个元素。假设 c 为一个收集类型的对象引用变量，通过其 Iterator 迭代子对收集元素进行遍历访问的典型方法如下：

```
Iterator it = c.iterator();              //获得一个迭代子
while(it.hasNext()) {                     //如果存在下一个元素则继续循环
    Object bj = it.next();                //得到下一个元素
    System.out.println(bj);
}
```

13.1.3　Set 接口及实现类

Set 接口是数学上集合模型的抽象，有两个特点，一是不含重复元素，二是无序。HashSet 是 Set 接口的具体实现类。子接口 SortedSet 用于描述按"自然顺序"或者集合创建时所指定的比较器组织元素的集合，TreeSet 类实现 SortedSet 接口。

13.1.4　List 接口及实现类

List 接口类似于数学上的数列模型，也称序列。其特点是可含重复元素，而且是有序的。表 13-2 列出了对 List<E>接口中定义的常用方法及其功能。其中，elem 代表数据对象，pos 代表操作位置，start_pos 为起始查找位置。

表 13-2　List<E>接口中定义的常用方法及其功能

方　　法	功　　能
void add(E elem)	在尾部添加元素
void add(int pos, E elem)	在指定位置增加元素
E get(int pos)	获取指定位置元素
E set(int pos, E elem)	修改指定位置元素
E remove(int pos)	删除指定位置元素
int indexOf(Object obj, int start_pos)	从某位置开始往后查找元素位置
int lastIndexOf(Object obj, int start_pos)	从某位置开始由尾往前查找元素位置
ListIterator<E>　listIterator()	返回列表的 ListIterator 对象

ArrayList 类是最常用的列表容器类，实现了可变大小的数组。访问元素效率高，但插入元素效率低。LinkedList 类是另一个常用的列表容器类，其内部使用双向链表存储元素，插入元素效率高，但访问元素效率低。

13.1.5　Queue 接口及实现类

Queue<E>接口用来表达队列。其定义的方法如下。
❑　boolean add(E e)：添加元素至队列尾。

❑　E element()：返回队列的队首元素，但元素保留在队列中。

❑　boolean offer(E e)：添加元素至队列尾。

❑　E peek()：返回队列的队首元素，但元素保留在队列中。

❑　E poll()：返回队列的队首元素，且元素从队列中删除。

❑　E remove()：返回队列的队首元素，且元素从队列中删除。

Queue 接口的子接口 Deque 定义了针对队列首尾操作的规范，称为双端队列。ArrayDeque 是 Deque 接口的一个实现类，可以作为栈来使用，也可以作为队列来使用。

13.1.6　Map 接口及实现类

Map 接口定义了"关键字-值"表示的数据集合。常用方法如下。

❑　public Set<K> keySet()：关键字的集合。

❑　public Collection<V> values()：值的集合。

❑　public V get(K key)：根据关键字得到对应值。

❑　public V put(K key,V value)：加入新的"关键字-值"，如果该映射关系在 map 中已存在，则修改映射的值。

❑　public V remove(Object key)：删除 Map 中关键字所对应的映射关系。

实现 Map 接口的类有很多，其中最常用的有 HashMap 和 HashTable，两者使用上的最大差别是 HashTable 是线程访问安全的。HashTable 还有一个子类 Properties，其关键字和值只能是 String 类型，经常被用来存储和访问配置信息。

13.1.7　Collections 类

Collections 类是对收集 API 的补充，其提供了一系列静态方法实现对收集的操作处理。

❑　addAll(Collection<? super T> c, T... elements)：将所有元素添加到 c 中。

❑　sort(List<T> list)：根据元素的自然顺序对指定列表进行升序排列。

❑　sort(List<T> list, Comparator<? super T> c)：根据指定比较器产生的顺序对指定列表进行升序排列。

❑　max(Collection<? extends T> coll)：根据元素的自然顺序，返回给定收集的最大元素。

❑　max(Collection<? extends T> coll, Comparator<? super T> comp)：根据指定比较器产生的顺序，返回给定收集的最大元素。

❑　min(Collection<? extends T> coll)：根据元素的自然顺序，返回给定收集的最小元素。

❑　min(Collection<? extends T> coll, Comparator<? super T> comp)：根据指定比较器产生的顺序，返回给定收集的最小元素。

❑ indexOfSubList(List<?> source, List<?> target)：返回指定源列表中第一次出现指定
目标列表的起始位置；如果没有出现这样的列表，则返回−1。

❑ lastIndexOfSubList(List<?> source, List<?> target)：返回指定源列表中最后一次出现
指定目标列表的起始位置；如果没有出现这样的列表，则返回−1。

❑ replaceAll(List<T> list, T oldVal, T newVal)：使用 newVal 值替换列表中出现的所
有 oldVal 值。

❑ reverse(List<?> list)：反转指定列表中元素的顺序。

❑ fill(List<? super T> list, T obj)：使用指定元素替换指定列表中的所有元素。

❑ frequency(Collection<?> c, Object o)：返回指定收集中等于指定对象的元素数。

❑ disjoint(Collection<?> c1, Collection<?> c2)：如果两个指定收集中没有相同的元素，
则返回 true，否则返回 false。

13.2　实　验　指　导

13.2.1　实验目的

（1）了解 Java 泛型的概念。
（2）掌握 Java 收集 API 的继承层次和 Set 接口、List 接口以及 Queue 接口的应用。
（3）掌握 HashSet、ArrayList、HashMap 等典型类的使用。
（4）掌握 Map 接口及实现层次中类的使用。

13.2.2　实验内容

1. 样例调试

【基础训练 1】一个通用类型的数组，泛型的应用。

【目标】了解泛型的表示形式和数据访问特点。

【参考程序】程序文件名为 MyArray.java

```java
public class MyArray<T> {                    //T 为类型参数
    private T obj[ ];

    public MyArray(T obj[ ]) {
        this.obj = obj;
    }

    void output() {
        for (int k = 0; k < obj.length; k++)
            System.out.print("   " + obj[k]);
        System.out.println();
    }
```

```java
public static void main(String[ ] args) {
    String a[ ] = { "good", "bad", "bye", "fine" };
    MyArray<String> x1 = new MyArray<>(a);
    x1.output();
    Integer b[ ] = { 1, 6, 3, 7, 2 };
    MyArray<Integer> x2 = new MyArray<>(b);
    x2.output();
    }
}
```

【运行结果】

```
D:\>java MyArray
  good   bad   bye   fine
1   6  3  7  2
```

【思考】修改程序，用增强 for 循环遍历输出数组中的所有元素。

【基础训练 2】测试列表和集合的差异。

【目标】理解 ArrayList 和 HashSet 的使用差异。

【参考程序】程序文件名为 TestCollection.java

```java
import java.util.*;
public class TestCollection{
    public static void main(String args[ ]) {
        ArrayList<String> a = new ArrayList<>();
        a.add("one");
        a.add("three");
        a.add("one");
        a.add("two");
        System.out.println(a);
    }
}
```

运行程序，观察输出结果。

【思考】将 ArrayList 改为 HashSet，重新调试程序，总结列表与集合的差异。

【基础训练 3】产生不重复的有序数据序列。

【目标】掌握收集 API 的方法。

（1）思考以下程序的算法设计思路，画出结构流程图。

【参考程序】程序文件名为 GererateSerial.java

```java
import java.util.*;
public class GererateSerial {
    public static void main(String args[ ]) {
        List<Integer> x = new ArrayList<>();
        for (int k = 0; k < 10; k++) {
            int m = (int) (Math.random() * 30);
            while (x.contains(m))
```

```
            m = (int) (Math.random() * 30);
                x.add(m);
        }
        Collections.sort(x);
        System.out.println(x);
    }
}
```

【思考】如果将 ArrayList 改成 HashSet，程序能通过编译吗？分析原因。

输出列表中的元素有很多办法，也可以用如下循环来实现。

```
for (int   k = 0; k < x.size(); k++) {
    System.out.print(x.get(k) + " \t ");
}
```

【思考】如果用增强 for 循环来遍历输出列表中的元素，应如何表达？

（2）修改程序，利用 HashSet 的特点来控制集合中数据元素不重复。

【参考程序】程序文件名为 GererateSerial2.java

```
import java.util.*;
public class GererateSerial2 {
    public static void main(String args[ ]) {
        Set<Integer> x = new HashSet<>();
        // 以下利用 Set 的特点来控制产生不重复数据
        for (int k = 0; k < 10; k++) {
            int m = (int) (Math.random() * 30);
            while (!x.add(m))
                m = (int) (Math.random() * 30);
        }
        // 以下将 Set 集合中的数据添加到列表中
        ArrayList<Integer> x2 = new ArrayList<Integer>();
        Iterator<Integer> it = x.iterator();
        while (it.hasNext()) {
            x2.add(it.next());
        }
        // 以下对列表数据进行排序
        Collections.sort(x2);
        System.out.println(x2);
    }
}
```

调试程序，观察输出结果，总结 ArrayList 和 HashSet 的应用差异性。

【思考】改进程序，编写一个方法用来产生某范围内有序序列数据，方法返回结果为一个列表，方法的参数包括数据上界、下界以及元素个数。然后调用方法产生 15 个数据范围在 1～100 的随机序列。

【基础训练 4】堆栈和队列的操作方法。

【目标】掌握 ArrayDeque 用作堆栈和队列的操作方法。

【参考程序】程序文件名为 TestArrayDeque.java

```java
import java.util.*;
public class TestArrayDeque {
    public static void main(String args[ ]) {
        ArrayDeque<String>    c = new ArrayDeque<>();
        /*  用作堆栈  */
        c.push("清华大学");                    //压栈
        c.push("吉林大学");
        c.pop();                              //出栈
        c.push("北京大学");
        while (!c.isEmpty())
            System.out.println(c.pop());
        /*  用作队列  */
        c.offer("湖南大学");                   //进队
        c.offer("四川大学");
        while (!c.isEmpty())
            System.out.println(c.poll());     //出队
    }
}
```

调试程序，观察输出结果。如果队列中允许混合存放字符串和整数两类数据，那么以上程序中 ArrayDeque 的泛型参数应如何修改？

【综合样例】查找空闲教室。

【目标】掌握本章各种类型的集合容器的使用技巧。

【参考程序】程序文件名为 ArrangeRoom.java

```java
import java.util.*;
enum Weakday {
    星期一, 星期二, 星期三, 星期四, 星期五, 星期六, 星期日
}

public class ArrangeRoom {
    String roomName;                                    //教室名
    int weekNumber;                                     //周序号
    Weakday weakday;                                    //星期
    int section;                                        //节次
    String kcname;                                      //占用课程

    static Map<String, Integer> roomInfo = new HashMap<>(); //所有教室信息
    static {
        roomInfo.put("25-101", 80);                     //每个教室有教室名和容纳人数
        roomInfo.put("25-102", 80);
        roomInfo.put("25-108", 120);
        roomInfo.put("14-110", 130);
        roomInfo.put("14-108", 90);
        roomInfo.put("31-301", 80);
        roomInfo.put("25-301", 40);
```

```
    }
    static List<ArrangeRoom> engage = new ArrayList<>();          //存放教室排课信息
    static { /* 以下为排课样例 */
        engage.add(new ArrangeRoom("25-101", 1, Weakday.星期一, 1, "Java 程序设计"));
        engage.add(new ArrangeRoom("25-101", 1, Weakday.星期一, 2, "Java 程序设计"));
        engage.add(new ArrangeRoom("25-108", 1, Weakday.星期三, 5, "高等数学"));
        engage.add(new ArrangeRoom("25-108", 1, Weakday.星期三, 6, "高等数学"));
    }

    public static void main(String[ ] args) {
        //通过调用方法找出第 1 周、星期一、第 1 节时间所有可容纳 80 人的空闲教室
        List<String> rooms = seachRoom(1, Weakday.星期一, 1, 80);
        System.out.println(rooms);
    }

    //给某个教室安排一个时间上某个课程
    public ArrangeRoom(String name, int n, Weakday day, int section, String kcname) {
        this.roomName = name;
        this.weekNumber = n;
        this.weakday = day;
        this.section = section;
        this.kcname = kcname;
    }

    /* 检查某个教室在某周、星期几、第几节是否占用 */
    static boolean haveEngaged(int n, Weakday weakday, int section, String room) {
        //实际上就是查某个教室在指定的时间是否已排课
        for (ArrangeRoom a : engage) {
            if (a.roomName.equals(room) && a.weekNumber == n
                && a.weakday == weakday && a.section == section) {
                return true;
            }
        }
        return false;
    }

    /* 获取在第 n 周、星期几、第几节、容量超过指定大小的空闲教室 */
    static List<String> seachRoom(int n, Weakday weakday, int section, int size) {
        List<String> result = new ArrayList<>();
        Set<String> rooms = roomInfo.keySet();
        Iterator<String> it = rooms.iterator();
        while (it.hasNext()) {                                    //检查遍历所有教室
            String name = it.next();
            if (roomInfo.get(name) >= size &&
                    !haveEngaged(n, weakday, section, name)) {
                result.add(name);
            }
        }
```

```
        return result;
    }
}
```

调试程序，观察运行结果。思考各种集合容器的使用技巧。

【练习】修改程序让结果输出满足要求的所有空闲教室名称以及教室容量。

2. 编程练习

（1）利用随机函数产生 50 个 2～30 的整数存入列表中，对列表元素按由小到大进行排序输出。然后过滤列表中能被 3 或 5 整除的数据，输出剩下的列表元素。

（2）将一批用户与电话号码对应关系存储在 HashMap 中，电话号码作为关键词。将 Map 对象中所有电话与用户信息写入一个文本文件中，每个号码的信息占一行。

13.3　习　题　解　析

1. 选择题

（1）ABC　　　（2）C　　　（3）A　　　（4）C　　　（5）ABCD

2. 写出以下程序的运行结果

程序 1:

```
hello
123
```

程序 2:

```
12hello23
```

程序 3:

```
18
15
```

程序 4:

```
95
false
```

程序 5:

```
123543
1225
```

3. 编程题

（1）使用 LinkedList 存储学生信息，每个学生包括学号、姓名、年龄、性别等属性。

实现如下功能：

　　① 列出所有学生。

　　② 增加学生。

　　③ 删除某个学号的学生。

　　【参考程序】程序文件名为 ex13_1.java

　　【说明】列出学生只需要遍历 LinkedList 元素。增加学生用 LinkedList 的 add()方法。要删除某个学生，首先根据学号找到相应元素，然后用 remove()方法删除元素。

　　（2）利用 ArrayList 存储全班学生的数学成绩，求最高分、平均分。

　　【参考程序】程序文件名为 ex13_2.java

　　【说明】可以用随机数产生数据加入列表中，求最高分和平均分的办法与处理数组问题类似。用循环遍历处理列表中的各个数据。最高分可以先确定为第一个元素值，以后循环遍历处理剩余的元素，列表元素个数可以通过 size()方法得到。

　　（3）用 Map 存储学生的姓名、年龄和性别等信息，自拟数据将若干学生的信息存储到 List<Map<String,Object>>类型的列表中。

　　① 按行列对齐的表格样式输出列表中的数据。

　　② 编写一个方法 convert()，将上述列表存储的信息转换为 List<Student>类型的数据，其中，Student 类中包含学生的姓名、年龄和性别等属性，输出列表内容。

　　【参考程序】程序文件名为 ex13_3.java

　　【说明】Map 中存放的关键字对应 Student 类中的属性，而 Map 中关键字对应的键值则对应类的属性值。由于存在各种类型的属性，所以可以统一用 Object 类型来匹配。在由 Map 获取数据给对象属性赋值时，需要用到强制转换，将 Object 类型数据转换为具体数据类型。输出转换后的列表内容，可直接输出列表，也可遍历访问列表每个元素输出。

　　（4）设计 distinct()方法，方法参数为一个列表，返回子列表，结果是将原来参数列表中重复出现的元素仅保留一个。例如，实际参数列表中有 cat、panda、cat,dog、dog、lion、tiger、panda 和 tiger，则方法返回结果列表中仅剩下 cat、panda、dog、lion、tiger。要求该方法同样适用于整数类型的列表元素情形。

　　【参考程序】程序文件名为 ex13_4.java

　　【说明】为了保证结果列表中元素不重复，可以逐个遍历原来列表的元素，检查其在结果列表中是否已存在，不存在才加入结果列表中。方法可以设计为静态方法，参数列表的元素类型由泛型指定，这样，方法可适用于各种类型的数据。

第 13 章

第 14 章　Lambda 表达式、Stream 与枚举类型

14.1　知　识　要　点

14.1.1　Lambda 表达式

Lambda 表达式针对的目标类型是函数接口（functional interface）。如果一个接口只有一个显式声明的抽象方法，那么它符合函数接口。一般用@FunctionalInterface 标注出来（也可以不标）。例如：

```
@FunctionalInterface
interface A{
    public int add(int a,int b);
}
```

要创建一个符合 A 接口的对象，采用匿名类的方法实现，形式如下：

```
A a = new A(){    //实现 A 接口的匿名内嵌类
    public int add(int x, int y) {
        return x + y;
    }
};
```

如果改为 Lambda 表达式表示，则代码如下：

```
A a = (int x, int y) -> { return x + y; }
                              //由 A 类型联想到 Lambda 表达式是 add 方法的实现
System.out.println(a.add(5,3));    //由对象引用 a 调用 add 方法
```

Lambda 表达式本质上是匿名方法。它由 3 部分组成：参数列表、箭头（->），以及一个表达式或语句块。

参数类型也可以省略，编译器会根据使用该表达式的上下文推断参数类型。

```
(x, y) ->{ return x + y; }
```

特别地，如果语句块中仅仅是一条返回语句，则可以直接写出表达式。

```
(x, y) -> x + y;
```

Lambda 表达式没有方法名，应用时会根据上下文的类型信息联想到方法名。
关于 Lambda 表达式的表示，还有几点值得注意。

（1）对于无参方法，左边的圆括号对代表没有参数。对于没有返回结果的 void()方法，不能省略右边的花括号。例如，Runnable 接口的 run()方法，Lambda 表达式表示如下：

```
() -> { … }
```

（2）对于一个参数的方法（如 ActionListener 接口），参数列表的圆括号可省略。

```
e -> { … }
```

在 Lambda 表达式中与泛型相关的情形很多，根据泛型参数可推导出 Lambda 表达式的参数类型，例如，以下代码编译器可以推导出 s1 和 s2 的类型是 String。

```
Comparator<String> c = (s1, s2) -> s1.compareToIgnoreCase(s2);
```

Lambda 表达式为 Java 函数式编程提供了一种便捷的表达形式。Java 8 在 java.util.function 包中定义了如下常用函数式接口。

- ❑ Predicate<T>——其中 test()方法接收 T 类型对象并返回 boolean。
- ❑ Consumer<T>——其中 accept()方法接收 T 类型对象，不返回值。
- ❑ Function<T, R>——其中 apply()方法接收 T 类型对象，返回 R 类型对象。
- ❑ Supplier<T>——其中 get()方法没有任何输入，返回 T 类型。
- ❑ BinaryOperator<T>——其中 apply()方法接收两个 T 类型对象，返回 T 类型对象，对于 "reduce" 操作很有用。
- ❑ UnaryOperator<T>——其中 apply()方法接收一个 T 类型对象，返回 T 类型对象。

Lambda 表达式也可是某个类的具体方法引用（Method reference）。操作符 "::" 将方法名称与其所属类型名称分开，如果类型的实例方法是针对泛型的，则要在 "::" 分隔符前提供泛型参数类型。典型方法引用举例见表 14-1。

表 14-1　典型方法引用举例

方法引用举例	描　　述
Integer::parseInt	静态方法引用，等价于 x->Integer.parseInt(x)
System.out::print	实例方法引用，等价于 x->System.out.print(x)
Integer::new	Integer 类构造方法引用
super::toString	引用某个对象的父类的 toString()方法
String[]::new	构造 String 类型的数组

14.1.2　Stream

Stream（流）是一个来自数据源的元素队列，数据源是流的来源，它可以是集合或数组，I/O 通道以及产生器等。例如，对于常见的集合数据，有两种方法用来生成流。

- ❑ stream()：为集合创建串行流。
- ❑ parallelStream()：为集合创建并行流。

流的操作包括中间操作和最终操作，中间操作返回流对象。例如，filter 操作接受一个 predicate 接口类型的参数，将对流对象中的所有元素按函数参数指定的条件进行过滤。常用的操作的功能见表 14-2。

表 14-2　Stream 常见的中间操作

API 操作	功 能 说 明
filter()	按条件过滤得到符合要求的元素
map()	将流中元素变换得到另一类元素，一对一变换
flatMap()	将流中元素变换得到另一类元素，一对多变换
limit()	保留限定数量的元素
distinct()	将流中重复的数据去掉
sorted()	将流的数据按指定规则进行排序
concat()	将两个流合并为一个新的流

最终操作有 forEach、allMatch()、anyMatch()、findAny()、findFirst()，count()、max()、min()、reduce()、collect()等。其中，forEach 接受一个 Function<T,R>接口类型的参数，用来对流的每一个元素执行指定操作。

例如，以下代码片段使用 forEach 输出了 10 个随机数。

```
java.util.Random random = new java.util.Random();
random.ints().limit(10).forEach(System.out::println);
```

14.1.3　Java 枚举类型

枚举类型的定义用 enum 关键词，使用 enum 定义的枚举类默认继承 Enum 类。
以下为简单示例。

```
public enum Weekday {
    MON,TUS,WED,THU,FRI,SAT,SUN;                    //将 1 周 7 天全部列出
}
```

Enum 类的常用方法如下：

❑ int compareTo(E o)：比较当前枚举与指定对象的顺序，返回次序相减结果。
❑ boolean equals(Object other)：当前对象等于参数时，返回 true。
❑ String name()：返回枚举对象的名称。
❑ int ordinal()：返回当前枚举对象的序数（第 1 个常量序数为 0）。
❑ String toString()：返回枚举对象的描述。
❑ T[] values()：返回包括所有枚举变量的数组。
❑ static T valueOf(Class<T> enumType, String name)：返回指定枚举类型中指定名称的枚举常量。

14.2　实　验　指　导

14.2.1　实验目的

（1）掌握 Lambda 表达式的表示形式。
（2）掌握 Stream 的构建以及 Stream API 的使用。
（3）了解枚举类型的使用。

14.2.2　实验内容

1. 样例调试

【基础训练 1】Lambda 表达式的使用。
【目标】掌握 Lambda 表达式的表示形式，了解典型函数式接口的使用。
设有一批整数，分别按以下条件进行过滤，输出过滤后的数据。
（1）保留偶数数据。
（2）保留能被 3 或 5 整除的数。
【参考程序】程序文件名为 Demo1.java

```java
import java.util.*;
import java.util.function.Predicate;
public class Demo1 {
    public static void main(String args[ ]) {
        List<Integer> x = Arrays.asList(3, 6, 8, 23, 5, 67, 34);
        System.out.println(filter(x, e -> e % 2 == 0));
        System.out.println(filter(x, e -> e % 3 == 0 || e % 5 == 0));
    }

    public static List<Integer> filter(List<Integer> data, Predicate<Integer> c) {
        List<Integer> r = new ArrayList<Integer>();
        for (int s : data) {
            if (c.test(s))
                r.add(s);
        }
        return r;
    }
}
```

【基础训练 2】使用流操作进行数据变换处理。
【目标】熟悉 Stream 的 map 变换操作。
（1）理解 map 操作。

【参考程序】程序文件名为 Demo2.java

```java
import java.util.*;
import java.util.stream.Collectors;
public class Demo2 {
    public static void main(String args[ ]) {
        List<String> ids = Arrays.asList("12", "45", "54", "67", "23", "90", "29");
        List<Integer> results = ids.stream()
                    .map(s -> Integer.valueOf(s))
                    .collect(Collectors.toList());
        System.out.println(results);
    }
}
```

运行程序，观察变化后的数据和原来数据的关系。

（2）理解 flatMap 操作。

【参考程序】程序文件名为 Demo3.java

```java
import java.util.*;
import java.util.stream.Collectors;
public class Demo3 {
    public static void main(String args[ ]) {
        List<String> sentences = Arrays.asList("hello world","i am glad to see you");
        List<String> results = sentences.stream()
                    .flatMap(sentence -> Arrays.stream(sentence.split(" ")))
                    .collect(Collectors.toList());
        System.out.println(results);
    }
}
```

观察输出结果集和原始数据之间的数量关系。总结比较 map()和 flatMap()两个操作的使用差异。

【基础训练 3】字符串中单词分离处理。

【目标】熟悉 Stream 的各种操作。

从给定句子中返回单词长度大于 3 的单词列表，按长度倒序输出，限制仅输出 3 个。

【参考程序】程序文件名为 Demo4.java

```java
import java.util.*;
import java.util.stream.Collectors;
public class Demo4 {
    public static void main(String args[ ]) {
        String sentence = "how are you,welcome you to china.";
        List<String> x = Arrays.stream(sentence.split(" |,|\\."))
                    .filter(word -> word.length() >= 3)              //过滤操作
                    .sorted((a, b) -> a.length() - b.length())       //按单词长度进行倒序排列
                    .limit(3)
                    .collect(Collectors.toList());
        System.out.println(x);
```

```
        }
}
```

将程序中的单词长度限制数据改为 2，并将输出限制数量改为 5，观察结果变化。
思考代码中进行单词分离的正则表达式的书写形式。

【基础训练 4】用枚举类型表达可以枚举的数据。

【目标】了解枚举类型的使用。

【参考程序】程序文件名为 TestSeason.java

```
import java.util.*;
enum Season {
    春, 夏, 秋, 冬
}

public class TestSeason {
    public static void main(String[ ] args) {
        Scanner scan = new Scanner(System.in);
        System.out.println("请输入节气(春, 夏, 秋, 冬)");
        String str = scan.nextLine();
        Season s = Season.valueOf(str);
        System.out.println(switch (s) {
            case 春:   yield   "春雨惊春清谷天";
            case 夏:   yield   "夏满芒夏暑相连";
            case 秋:   yield   "秋暑露秋寒霜降";
            case 冬:   yield   "冬雪雪冬小大寒";
        });
    }
}
```

调试程序，观察不同输入数据的输出情况。注意枚举值外的输入数据将出现异常。

2. 编程练习

（1）定义函数式接口 Convert 用来定义各国货币之间的兑换计算函数 calcuate，该方法包括两个参数，一个表示币值，另一个是汇率，返回结果为转换后的币值。将美元与人民币的转换关系用 Lambda 表达式定义。输入人民币值和汇率，计算输出对应的美元值。

（2）将一批单词存放在一个数组中，利用 Stream 处理实现如下功能。

① 找出所有长度小于平均长度的单词。

② 将所有含"or"子串的单词找出来。

14.3　习　题　解　析

1. 选择题

（1）B　　　（2）B　　　　（3）A　　　　　（4）D

2. 写出以下程序的运行结果

程序 1：

135

程序 2：

1
4
16

程序 3：

11

程序 4：

3

3. 编程题

（1）读入一个英文文本文件中的所有单词，统计输出每个单词的出现次数。

【参考程序】程序文件名为 ex14_1.java

【说明】先对文本文件的所有行内容采用 BufferedReader 的 lines()方法得到原始数据流，再用 flatMap 操作对每行内容进行分析，采用 split()方法分离出单词流，保留长度大于0 的单词，将其收集到列表中，对列表生成的单词流调用 distinct()方法，删除相同的单词，新生成的流用 map 映射对每个单词进行处理，找出单词在原始列表中的出现次数。

该程序在处理上的另一个解法是将结果收集到 Map 中。可以将查找单词次数部分的程序修改为如下形式：

```
/*  以下找出单词的出现次数  */
Map<String,Integer> result = output.stream()
    .distinct()
    .collect(Collectors.toMap(e->e,e->Collections.frequency(output,e)));
System.out.println(result);
```

（2）给出由若干字符串构成的有限流，输出长度最小的字符串。

【参考程序】程序文件名为 ex14_2.java

【说明】先求出字符串长度的最大值，根据单词列表建立流，采用 mapToInt 映射得到所有字符串长度的原生流，调用 min()方法求出最大值。再对原始字符串列表的流进行过滤，找出长度等于最大值的单词并进行输出。

（3）写一个用梯形法求定积分的通用函数，并利用该函数分别求以下两个积分：

$$\int_0^1 \sin x \, dx, \int_0^1 e^x \, dx$$

【参考程序】程序文件名为 ex14_3.java

【说明】用梯形法求积分就是将函数的积分区间 n 等分，当 n 足够大时，所有小梯形的面积之和就可以看作函数的积分值。通用函数的参数有 3 个，分别是被积函数、积分区间的上限和下限。被积函数定义为 Function<Double,Double>类型，方法调用时给其传递不同的实际函数就可以求不同函数的积分。

（4）编写一个程序实现扑克牌的洗牌算法。将 52 张牌（不包括大、小王）按东、南、西、北分发。每张牌用一个对象代表，其属性包括牌的花色、名称。其中，花色用一个字符表示，S 代表黑桃，D 代表方块，H 代表红桃，C 代表梅花。通过枚举类型定义扑克牌的名称和排列顺序。例如：黑桃 A 的花色为 S，名称为_A；红桃 2 的花色为 H，名称为_2。

【参考程序】程序文件名为 ex14_4.java

【说明】将对象形式表示的扑克牌存入一个一维数组中，产生每张扑克牌对象时用一个二重循环实现，外循环控制花色，内循环控制每种花色 13 个值的牌。使用枚举类型定义扑克牌名称的大小排列顺序，这样方便以后的处理。

（5）利用随机函数产生数值范围为 1～20 的 500 个整数构成的流。对该流进行如下处理：

① 统计每个数值的出现次数。

② 求所有元素的平均值。

【参考程序】程序文件名为 ex14_5.java

【说明】为实现两方面的统计要求，可以对同一个数据源，两次形成各自的流进行处理，统计每个数值的出现次数，可以先得到有哪些数值在流中出现，使用流的 distinct()方法就可以得到，然后针对结果流中的数据在原集合中的出现次数进行统计处理。求平均值可以将数据集合构成的流转换为原生流，利用原生流的 average()方法来求平均值。

第 14 章

第15章 多 线 程

15.1 知 识 要 点

15.1.1 线程的创建

创建多线程均要依靠 Thread 类，具体有两种形式。

（1）继承 Thread 类。

编写类在继承 Thread 类的基础上，重写其 run()方法。

（2）实现 Runnable 接口。

在用 Thread 类创建线程对象时传递一个实现 Runnable 接口的对象作为其构造方法的参数，线程执行时将执行 Runnable 接口对象的 run()方法。

15.1.2 线程的调度

（1）线程的优先级。

线程优先级取值范围为 1～10，Thread 类提供了 3 个常量来表示优先级，MIN_PRIORITY=1、MAX_PRIORITY=10、NORM_PRIORITY=5。

线程可用 setPriority()设置优先级，用 getPriority()获取线程优先级。

子线程继承父线程的优先级，主线程具有正常优先级。

（2）线程的调度。

Java 线程的调度采用抢占式调度策略，高优先级的线程优先执行。在 Java 中，系统按照优先级的级别设置不同的等待队列。

15.1.3 线程的状态与生命周期

线程的生命周期如图 15-1 所示。

新创建的线程处于"新建状态"，必须通过执行 start()方法，让其进入"就绪状态"，处于就绪状态的线程才有机会得到调度执行。线程在运行时也可能因资源等待或主动睡眠而放弃运行，进入"阻塞状态"。线程执行完毕或主动执行 stop()方法后将进入"终止状态"。

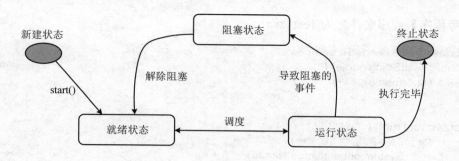

图 15-1 线程的生命周期

15.1.4 线程的同步——线程共享资源访问处理

（1）对象的加锁。

所有被共享访问的数据及访问代码必须作为临界区，用 synchronized 给调用方法的对象加锁。synchronized 关键字的使用方法有如下两种。

❑ 用在对象前面，限制一段代码的执行，表示执行该段代码必须取得对象锁。

❑ 在方法前面，表示该方法为同步方法，执行该方法必须取得对象锁。

（2）wait()和 notify()方法。

用于解决多线程中对资源的访问控制问题。

❑ wait()方法：释放对象锁，将线程加入等待唤醒队列。

❑ notify()方法：唤醒等待队列中的线程，让其进入对象锁的获取等待队列。

15.2 实 验 指 导

15.2.1 实验目的

（1）掌握多线程编程的特点。

（2）了解线程的调度和执行过程。

（3）掌握资源共享访问的实现方法。

15.2.2 实验内容

1. 样例调试

【基础训练 1】编写两个线程，分别输出 1～10，一个线程的优先级比另一个高一级。

【目标】掌握继承 Thread 创建线程的方法，观察线程调度的特点。

（1）观察优先级对线程调度的影响。

【参考程序】程序文件名为 Test.java

```java
public class Test extends Thread {
    public Test(String name) {
        super(name);
    }

    public void run() {
        for (int k = 1; k <= 10; k++) {
            System.out.println(getName() + ":" + k);
        }
    }

    public static void main(String args[ ]) {
        Thread x1 = new Test("first");
        x1.setPriority(6);
        x1.start();
        new Test("second").start();
    }
}
```

调试程序，观察哪个线程的运行机会多一些。

（2）观察线程的睡眠时间对线程运行的影响。

改进程序，给线程增加一个休息时间，优先级高的线程休息时间长一些，给线程安排一个属性 sleep_time，修改构造方法如下。

```java
public class Test extends Thread {
    int sleep_time;

    public Test(String name, int t) {
        super(name);
        sleep_time = t;
    }

    public void run() {
        for (int k = 1; k <= 10; k++) {
            System.out.println(getName() + ":" + k);
            try {
                sleep(sleep_time);
            } catch (InterruptedException e) { }
        }
    }

    public static void main(String args[ ]) {
        Thread x1 = new Test("first", 5000);
        x1.setPriority(6);
        x1.start();
        new Test("second", 200).start();
    }
}
```

调试程序，观察哪个线程运行更快。

【基础训练 2】编写一个窗体应用程序，绘制跳动的小圆。

【目标】掌握实现 Runnable 接口实现多线程的编程方法。

（1）由于线程的 run()方法中出现无限循环，所以以下程序将一直运行。

【参考程序】程序文件名为 Test2.java

```java
import java.awt.*;
public class Test2 extends Frame implements Runnable {
    public Test2() {
        setSize(300, 300);
        setVisible(true);
        Thread x = new Thread(this);
        x.start();
    }

    public void run() {
        for (;;) {
            repaint();
            try {
                Thread.sleep(1000);
            } catch (InterruptedException e) { }
        }
    }

    public void paint(Graphics g) {
        int x = 20 + (int) (Math.random() * 150);
        int y = 20 + (int) (Math.random() * 150);
        g.setColor(Color.blue);
        g.fillOval(x, y, 100, 100);
    }

    public static void main(String args[ ]) {   //创建两个窗体运行
        new Test2();
        new Test2();
    }
}
```

运行程序，观察两个窗体中蓝色小圆的随机变化情况。用控制台按钮控制应用停止。

（2）修改程序，以便能在应用界面中控制线程停止。

① 在 Test2 中添加一个布尔类型的属性 flag，用来控制线程的停止。该变量的值用来控制 for 循环的进行条件。

② 在窗体中增加一个按钮，通过按钮的动作事件来控制 flag 属性值的变化。

③ 如果给 flag 属性添加 static 修饰，对两个窗体关联的线程运行有何影响？调试程序，观察单击按钮对两个窗体中小圆跳动的影响。分析出现相应现象的原因。

【综合样例】模拟火车票售票系统。

【目标】线程共享资源的同步处理。

火车票售票系统设计的一个重要问题是要防止售出两张一样的票给两个用户，为了控制出票，我们可以对出票系统进行加锁控制，使某售票窗口在取票时，不让其他窗口进行同步操作。程序中将所有的票存放在一个数组中，每次从数组的某个元素取票售出。

【参考程序】程序文件名为 SellTicket.java

```java
class TicketsController {                                  //出票控制器
    String[ ] alltick = new String[10];                   //假设共有 10 张票
    boolean[ ] havesale = new boolean[10];                 //用于标记某张票是否已售出
    {
        for (int k = 0; k < 10; k++)                       //初始化所有票
            alltick[k] = " 车票编号 :" + k;
    }
    int number = alltick.length;                           //剩余车票数量
    boolean status = true;                                 //控制出票状态，实现对资源的加锁控制

    public synchronized String getTicket() {
        while (!status) {                                  //非出票状态就等待
            try {
                wait();
            } catch (InterruptedException e) { }
        }
        status = false;                                    //取得出票权利，让别人等待自己出票
        if (number >= 1) {
            int n = (int) (Math.random() * alltick.length);
            if (!havesale[n]) {                            //检查随机产生的票号是否已售出
                havesale[n] = true;                        //标记该票已售出
                number--;
                return alltick[n];
            }
        }
        return null; //本轮没得到票
    }

    public synchronized void release() {
        status = true;                                     //设置为可出票状态
        notifyAll();
    }
}

public class SellTicket implements Runnable {
    String id;                                             //售票窗口 id
    TicketsController control;                             //出票控制器

    public SellTicket(String id, TicketsController control) {
        this.id = id;
        this.control = control;
```

```
        }

        public void run() {
                while (control.number > 0) {             //有票卖持续运行
                        String t = control.getTicket();   //争取出票
                        control.release();                //出票后，放权给别的线程
                        if (t != null) {
                                System.out.println(id + " 刚售出票 ：" + t);
                                try {
                                        Thread.sleep(2000);
                                } catch (InterruptedException e) { }
                        }
                }
        }

        public static void main(String args[ ]) {
                TicketsController control = new TicketsController();
                new Thread(new SellTicket("1 号窗", control)).start();
                new Thread(new SellTicket("2 号窗", control)).start();
                new Thread(new SellTicket("3 号窗", control)).start();
        }
}
```

【思考】每个售票窗口对应一个线程，出票控制器是一个共享资源对象，其中用一个字符串数组来描述所有可卖的车票，通过 number 记录剩余票数，通过 status 描述是否可出票状态，从而保证当一个线程在出票过程中对相应资源的锁定。特别注意 getTicket()方法和 release()方法的配合。

修改程序，增加票数和售票窗口数，观察程序的运行情况。

【说明】由于售票数据需要永久存储，实际售票系统一般将客票信息存储在数据库表格中，这种情况下还涉及对数据库操作的同步处理。

2. 编程练习

（1）利用多线程实现生产者和消费者应用。生产者和消费者共享同一个列表。生产者负责产生数据从列表集合。消费者负责消费列表中的数据。生产者和消费者用两个线程模拟。假设生产者每次生产数据随机产生，列表中数据达到 20 个就暂停生产。消费者将取到的数据输出显示。

（2）利用多线程给主教材第 11 章介绍的扫雷游戏添加倒计时功能，若在两分钟之内游戏没有结束，则弹出消息框显示本局游戏超时。用标签显示游戏的剩余时间，精确到秒。

15.3 习 题 解 析

1. 选择题

（1）ABCD   （2）B   （3）D   （4）B   （5）A

2. 思考题

（1）Java 中使用 Thread 类及其子类的对象来表示线程，新建的线程在它的一个完整的生命周期中通常要经历 5 种状态，即新建状态、就绪状态、运行状态、阻塞状态和终止状态，如图 15-1 所示。

（2）线程的优先级决定线程调度的优先次序，在有高优先级线程存在的情况下，低优先级线程也有运行机会。

3. 编程题

（1）利用多线程技术模拟龟兔赛跑的场面，设计一个线程类模拟参与赛跑的角色，创建该类的两个对象，分别代表乌龟和兔子，让兔子的速度快一些，但它在路上睡眠的时间长一些，到终点线程运行结束。

【参考程序】程序文件名为 ex15_1.java

【说明】定义 Animal 类来代表比赛的动物，其属性包括名称、跑步速度、每次休息的时间和当前位置。另外，Animal 类中还定义了距离（distance）和获胜者（winner）两个类变量，比赛开始时，winner 的值为 null，当有一方跑过终点时，其值为获胜方的名称。

（2）在窗体中安排一块画布，画布上绘制 $y = 2x^2 + 4x + 1$ 函数曲线；绘制一个小人沿曲线轨迹运动，到达终点时从头重新开始。

【参考程序】程序文件名为 ex15_2.java

【说明】绘制函数曲线在主教材的例题中有介绍，绘制小人移动要用多线程控制，在线程的 run() 方法中控制小人位置的变化。绘制小人时采用异或绘图方式，在相同位置重复绘制同样的图形两次，实际上就是将图形清除。所以，每次要记住前面小人的位置，重绘一次即可清除前面的小人。

（3）模拟交通信号灯的应用场景，在窗体中绘制红、绿、黄 3 个信号灯，通过多线程的同步机制来控制 3 个信号灯的点亮次序，每盏灯点亮的秒数用各自范围的随机数控制。

【参考程序】程序文件名为 ex15_3.java

【说明】将每盏灯（Lamp 类）定义为一个画布，在其上绘制某个颜色的填充圆或圆，每盏灯的基本属性包括颜色、标识（代表红、黄、绿）、是否点亮以及点亮的时间等信息。引入一个控制器（Control 类）来模拟交通控制的动作，主要是控制信号灯的点亮次序。为控制灯的点亮动作，将每盏灯定义为一个线程，将交通控制器作为线程共享的资源。

运行结果如图 15-2 所示。

图 15-2　模拟交通信号灯

（4）编写一个英文打字游戏程序，由随机数随机产生包含 100 个中英文和数字字符的字符序列，一屏同时最多显示 5 个字符，可以通过文本框设置字符下坠速度，屏幕上显示的字符在未消失前均可通过键盘输入，命中的字符自动消失，设置游戏开始按钮控制游戏的开始，通过标签显示输入字符的对错统计。根据最后的统计给出评分。

【参考程序】程序文件名为 ex15_4.java

【说明】用一个线程负责产生英文字符,用 5 个线程模拟一屏要显示的字符的下坠过程,可以想象为 5 个跑道,绘制的字符往下行进,所有字符绘制在同一块画布上。5 个线程对应绘制的字符保存在 current 数组中,产生字符的范围由字符数组 range 决定,共有 62 个字符。引入 count 变量统计当前屏幕上显示的字符个数限制在 5 个以内。用户敲击的字符只要是屏幕上显示的字符就算命中。主类根据按钮的动作事件驱动激发创建产生字符的线程的运作,由产生字符的线程决定何时创建和启动显示字符线程。显示字符线程在用户敲击的字符命中或下坠过程结束均将结束运行。通过画布和窗体注册的键盘事件获取用户的按键。

运行结果如图 15-3 所示。

（5）利用多线程编程来模拟运转的钟表,绘制一个代表当前时刻的圆形钟表,在钟表上写上部分数字,标上刻度,绘制 3 根直线分别代表时针、分针和秒针。

【参考程序】程序文件名为 ex15_5.java

【说明】整个钟表的圆心位置是(200,165),半径是 125,所以,圆对应外切矩形的左上角坐标是(75,40)。钟表内的圆点构成的圆圈与外切圆相差 10 个像素,其中,大圆点直径为 10 像素,小圆点直径为 5 像素。注意体会程序中时、分、秒针在绘制时的角度计算办法。程序运行结果如图 15-4 所示。

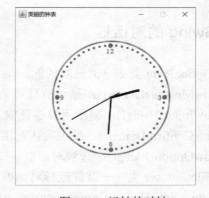

图 15-3 英文打字游戏　　　　　　　图 15-4 运转的时钟

第 15 章

第 16 章　高级图形界面编程

16.1　知　识　要　点

16.1.1　Swing 部件的使用特点

Swing 部件的外观通过图形绘制来实现，在 Swing 部件默认的 paint()方法中，将按顺序调用 paintComponent()、paintBorder()、paintChildren()3 个方法。

JFrame 默认采用 BorderLayout 布局，新版 JDK 中可直接通过 add()方法加入部件。还有其他方法部署 JFrame 应用界面，一种是采用 JFrame 的 getContentPane()方法获得其内容面板作为容器（Container），然后针对该容器用 add()方法加入部件；另一种是创建一个 JPanel 之类的中间容器，用 setContentPane()方法把该容器设置为 JFrame 的内容面板，然后把部件添加到内容面板中。

16.1.2　Swing 的对话框

（1）JOptionPane 类——消息对话框。

❏　ShowMessageDialog()：显示消息对话框。

❏　ShowInputDialog()：提示用户进行输入的对话框。

❏　ShowConfirmDialog()：显示确认对话框，含 yes、no、cancel 响应。

❏　ShowOptionDialog()：选项对话框。

（2）JFileChooser 类——文件选择对话框。

❏　int showSaveDialog(Component parent)：显示保存文件的选择对话框。

❏　int showOpenDialog(Component parent)：显示打开文件的选择对话框。

（3）JColorChooser 类——颜色选择对话框。

Color showDialog(Component parent, String title, Color initial)

16.1.3　常用 Swing 部件

❏　Swing 按钮（JButton）：可以带标签或图像。

❏　Swing 的标签（JLabel）：用于显示文本，可以带图像。

❏　Swing 的文本框（JTextField）和文本域（JTextArea）：可以编辑输入文字。

❏　复选框（JCheckBox）：可实现多选的选择盒。

- ❑ 单选按钮（JRadioButton）：只能选 1 项的选项按钮。
- ❑ 下拉组合框（JComboBox）：只能选 1 项，还可编辑输入新选项。
- ❑ 列表（JList）：可以从列出的选项中选择多项。
- ❑ 菜单（JMenu）、菜单条（JMenuBar）和菜单项（JMenuItem）：菜单条中添加菜单，菜单中可以添加菜单项或子菜单。
- ❑ 滑动条（JSlider）：滑动条使用户能够通过一个滑块的来回移动来输入数据。
- ❑ 选项卡（JTabbedPane）：提供一组可供用户选择的带有标签或图标的开关键。
- ❑ 工具栏（JToolBar）：用于显示常用工具控件的容器。用户可以拖曳出一个独立的可显示工具控件的窗口。
- ❑ 滚动面板（JScrollPane）：可实现内容滚动查看的带滚动条的面板。

16.2 实 验 指 导

16.2.1 实验目的

（1）熟悉 Swing 对话框、JFrame、JPanel 等容器部件的使用。
（2）了解 Swing 工具栏、选项卡等的使用。
（3）熟悉菜单条、菜单、菜单项的概念，了解下拉菜单的实现方式。
（4）掌握 JButton、JTextField、JTextArea 及 JLabel 的使用。
（5）了解 Swing 中各类选择部件的创建及事件处理。

16.2.2 实验内容

1. 样例调试

【基础训练 1】设计可更换背景的按钮，背景颜色在红、绿、黄、蓝 4 种颜色中随机选择。

【目标】掌握给 JFrame 添加部件方法和窗体关闭的处理方式。

【参考程序】程序文件名为 Demo.java

```java
import java.awt.*;
import javax.swing.*;
import java.awt.event.*;
public class Demo extends JFrame implements ActionListener {
    JButton btn;

    public Demo() {
        Container cont = getContentPane();
        btn = new JButton("变色按钮");
        cont.add(btn);
```

```
        setSize(200, 200);
        setVisible(true);
        btn.addActionListener(this);
        setDefaultCloseOperation(JFrame.EXIT_ON_CLOSE);
    }

    public void actionPerformed(ActionEvent e) {
        Color a[ ] = { Color.red, Color.blue, Color.green, Color.orange };
        btn.setBackground(a[(int) (Math.random() * 4)]);
    }

    public static void main(String args[ ]) {
        new Demo();
    }
}
```

调试程序，观察运行结果和界面。

【思考】

（1）程序中加入部件是添加到窗体的内容面板上，是否可以直接加入 JFrame 中？

（2）观察窗体关闭操作 setDefaultCloseOperation，调试不同参数的效果。

（3）JFrame 的默认布局是什么？设置不同布局，观察界面变化。

【基础训练 2】在 Swing 部件上绘制图形。

【目标】熟悉 Swing 部件的图形绘制。

（1）在 JFrame 窗体中加入一块 Swing 面板，面板的背景设置为橙色。

【参考程序】程序文件名为 SwingFrame.java

```
import javax.swing.*;
import java.awt.*;
public class SwingFrame extends JFrame {
    public SwingFrame() {
        Container cont = getContentPane();
        JPanel p = new JPanel();
        cont.add(p);
        p.setBackground(Color.orange);
        setSize(200, 200);
        setVisible(true);
        setDefaultCloseOperation(JFrame.EXIT_ON_CLOSE);
    }

    public static void main(String args[ ]) {
        new SwingFrame();
    }
}
```

（2）给面板设置边框，例如设置带标题的边框。

```
p.setBorder(BorderFactory.createTitledBorder("标题"));
```

调试程序，观察结果。

（3）定义 JPanel 面板的子类 MyPanel。

```
class MyPanel extends JPanel {   }
```

修改源程序，创建 MyPanel 对象代替程序中的 JPanel 对象。

```
JPanel   p = new MyPanel();
```

调试程序，观察结果有何改变。

（4）在 MyPanel 类中增加一个 paintComponent()方法。

```
public void paintComponent(Graphics g) {
        g.drawRect(40,40,90,90);
        g.setColor(Color.green);
        g.fillOval(40,40,90,90);
}
```

观察程序的结果，尤其是面板的背景情况。

（5）在 paintComponent()方法内加入一行，调用父类的 paintComponent()方法。

```
super.paintComponent(g);
```

再观察面板的背景情况，分析出现相应现象的原因。

（6）将 paintComponent()方法改为 paint()方法，观察现象，分析原因。

【综合样例】有两个整数，它们的和恰好是两个数字相同的两位数，它们的乘积恰好是三个数字相同的三位数，求这两个整数。

【目标】演示对话框和 JScrollPane 等部件的使用。

【分析】首先可肯定两个整数是两位数范围之内，可能是一位数，也可能是两位数，因为它们的和也只有两位数，在这个范围内进行循环测试。

【参考程序】程序文件名为 Demo2.java

```
import javax.swing.*;
public class Demo2 {
    public static void main(String args[ ]) {
        String res = " ";
        for (int m = 1; m <= 99; m++)
            for (int n = 1; n <= 99; n++) {
                int s = m + n;                       //求两个整数之和
                // 以下分离出和的两位数字
                int a = s % 10;
                int b = s / 10;
                int x = m * n;                       //求两个整数之积
                // 以下分离出积的三位数字
                int one = x % 10;
                int two = (x / 10) % 10;
                int three = x / 100;
                if (one == two && one == three && a == b)
```

```
                    res = res + m + "," + n + "\n";          //拼接满足条件的结果
            }
        JTextArea text = new JTextArea(res);
        JScrollPane p = new JScrollPane(text);
        JOptionPane.showMessageDialog(null, p, "结果", JOptionPane.PLAIN_MESSAGE);
    }
}
```

修改程序，将显示消息对话框的参数 p 替换为变量 res，观察运行结果的变化。

【思考】Swing 部件显示时应如何处理才能让显示的数据内容支持滚动查看。

2. 编程练习

（1）编写一个图片浏览程序，在窗体上部区域提供一个下拉组合框，显示可选图片描述，窗体下部区域用 Swing 标签显示图片。选择下拉组合框的选项，窗体中图片跟随变化。

（2）输出九九乘法表，在窗体内的滚动窗体中显示。

16.3　习 题 解 析

1. 选择题

（1）ABD　　　（2）ABD　　　（3）C　　　（4）ABC

2. 思考题

（1）答：将要显示的内容或部件加入 JScrollPane 中。

（2）答：JFrame 中可以设置用户关闭窗体时的默认处理操作。设置方法如下。

void setDefaultCloseOperation(int operation)

其中，参数 operation 为一个整数，可以是以下常量。

① DO_NOTHING_ON_CLOSE：不做任何处理。

② HIDE_ON_CLOSE：自动隐藏窗体，为默认值。

③ DISPOSE_ON_CLOSE：自动隐藏和关闭窗体。

④ EXIT_ON_CLOSE：仅用于应用程序中，关闭窗体、结束程序运行。

3. 编程题

（1）编写一个 Swing 应用程序，利用对话框获取两个整数，利用消息框显示两个数的最大公约数和最小公倍数。

【参考程序】程序文件名为 ex16_1.java

（2）实现一个简单的文本编辑器，操作按钮安排在工具栏中，包括打开文件、保存文件、文本替换等功能。消息的处理可以通过对话框实现。

【参考程序】程序文件名为 ex16_2.java

【说明】文件编辑器的运行界面如图 16-1 所示。打开文件和保存文件用到文件选择对话框。文本替换输入内容使用 JOptionPane 的输入框获取数据信息。

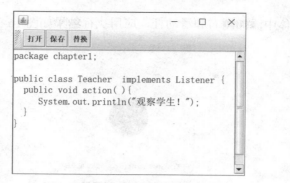

图 16-1　计算器程序运行界面

（3）实现一个计算器程序，支持加、减、乘、除、求余、求平方根等运算。

【参考程序】程序文件名为 ex16_3.java

【说明】运算器进行数据运算时，在按下某运算符按钮时，该运算所涉及的操作数还有一个等待输入的过程，所以每次按下运算符按钮或等号按钮时，才执行前一次运算。所以，引入变量（preOperater）保存前一次运算符，并且引入变量（sum）记录以前的操作结果，将操作结果与文本框（x）中的数据进行运算。考虑到运算结果有整数和实数之分，所以结果变量 sum 定义为实数类型，但在显示时，如果结果小数部分为 0，则以整数形式显示。程序运行界面如图 16-2 所示。

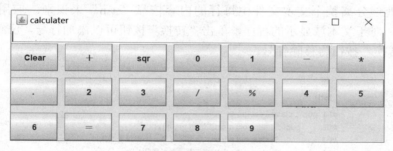

图 16-2　计算器程序运行界面

该程序中有如下几点要注意的编程技巧。

①　将计算器上的按钮名存入字符串数组中，通过循环访问数组元素实现统一的操作，这样可缩短程序代码。

②　如何处理整数结果的显示。

③　如何处理小数点和数字符号的输入。

（4）窗体中含一个文本框和一个文本域，在文本框中输入一个整数（≤50），验证从 4 到该整数的所有偶数可拆成两个素数之和。每个数的分拆结果占一行，能进行滚动浏览。

【参考程序】程序文件名为 ex16_4.java

【说明】通过文本框的动作事件触发进行分拆计算，将分拆结果添加到文本域中。

（5）编写一个画填充圆的程序，要求能用滑动杆控制圆的半径变化。

【参考程序】程序文件名为 ex16_5.java

【说明】定义一个画布，要绘制的填充圆的半径作为其实例变量，变量值可用滑动杆的值来决定。在窗体中添加画布和滑动杆，应用执行结果如图 16-3 所示。

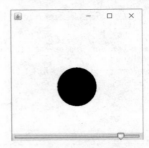

图 16-3　用滑动杆控制圆的大小变化

（6）设计一个程序增删行号工具。安排一个文本域显示文件内容，一个按钮用来进行转换处理。要求能自动检测源文件中是否有行号信息，如果没有行号，则自动给源文件每行增加行号，如果有行号，则将每行的行号删除。假设程序的行数不超过 99 行，行号值为两位数，第 1 行标记为#01，行号和内容之间空两格，转换结果自动写入文件。提供下拉菜单来选择要转换的文件和关闭应用，通过文件选择对话框来选取要进行转换的文件。

【参考程序】程序文件名为 ex16_6.java

【说明】程序中专门设计了一个处理行号添加和删除的方法，方法的参数和返回结果均为代表程序内容的字符串。用文本域显示程序内容，显示内容与写入文本文件中的内容一致。处理分离整个文本文件中每行的内容依靠“\r\n”来识别。应用执行结果如图 16-4 所示。对于文本域显示的程序，单击“转换”按钮可以添加行号，已经有行号的程序，单击“转换”按钮将移除行号。

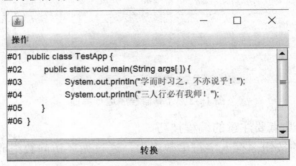

图 16-4　给程序增删行号工具设计

第 16 章

第 17 章　JDBC 技术与数据库应用

17.1　知　识　要　点

17.1.1　JDBC API

Java 采用 JDBC 实现对数据库的连接访问。JDBC API 主要是在 java.sql 包中定义的类和方法。其中定义了 3 个重要接口。

❑ Connection：代表与数据库的连接，通过 Connection 接口提供的 getMetaData() 方法可获取所连接的数据库的有关描述信息。

❑ Statement：用来执行 SQL 语句并返回结果记录集。

❑ ResultSet：代表 SQL 语句执行后的结果记录集。

使用 JDBC 进行数据库操作的步骤是：定义供连接的 URL，建立连接，建立 Statement 对象，执行 SQL 操作，处理结果，关闭连接。

17.1.2　连接数据库

JDBC Driver Manager 对连接不同数据库的 JDBC 驱动程序进行统一管理。

以下为连接 MySQL 数据库的样例代码。

```
String url="jdbc:mysql://localhost:3306/mysqldb?serverTimezone=UTC";
// mysqldb 为具体数据库名
Connection conn=DriverManager.getConnection(url,数据库用户，密码);
```

17.1.3　Statement 接口方法

❑ ResultSet executeQuery(String sql)：用于执行产生单个结果集的 SQL 语句，如 SELECT 语句。

❑ int executeUpdate(String sql)：用于执行 INSERT、UPDATE 或 DELETE 语句以及 SQL DDL（数据定义语言）语句，如 CREATE TABLE 和 DROP TABLE。方法的返回值是一个整数，指示受影响的行数。

❑ boolean execute(String sql)：用于执行返回多个结果集、多个更新计数或二者组合的语句。

17.1.4　ResultSet 的访问

1. 访问数据项

可用如下方法获取当前记录的数据项的内容。

- getString(String)：从指定栏读取一个字符串。
- getInt(String)：从指定栏读取一个整数。
- getByte(String)：从指定栏读取一个字节整数。
- getFloat(String)：从指定栏读取一个 float 型数。
- getDate(String)：从指定栏读取一个日期数据。
- getBoolean(String)：从指定栏读取一个布尔型数。
- getObject(String)：从指定栏读取一个 Java 对象。

2. 遍历访问结果集

可以用记录集的 next()方法实现对记录的遍例访问。首次使用 next()方法是得到第一条记录，以后每次将记录指针定位到下一条记录。至最后一条记录，再使用 next()方法将返回 false 值。以下为遍历代码示例，其中，rs 为结果集对象。

```
while (rs.next()) {
    String s = rs.getString("COF_NAME");
    float n = rs.getFloat("PRICE");
    System.out.println(s + " " + n);
}
```

17.1.5　关于可滚动结果集

1. 可滚动结果集的创建

用 Connection 对象的 createStatement()方法创建的 Statement 对象在执行 SQL 语句后将返回可滚动结果集。

Statement createStatement(int resultSetType,int resultSetConcurrency)

其中，resultSetType 代表结果集类型，包括如下情形。

- ResultSet.TYPE_FORWARD_ONLY：结果集的游标只能向后滚动。
- ResultSet.TYPE_SCROLL_INSENSITIVE：结果集的游标可以前后滚动，但结果集不随数据库内容的改变而变化。
- ResultSet.TYPE_SCROLL_SENSITIVE：结果集可前后滚动，而且结果集与数据库的内容保持同步。
- resultSetConcurrency 代表并发类型，取值如下。
- ResultSet.CONCUR_READ_ONLY：结果集只读，不能用结果集更新数据库表。

❑ 　ResultSet.CONCUR_UPDATABLE：结果集会引起数据库表内容的改变。

2. 游标的移动与检查

❑ 　void afterLast()：移到最后一条记录的后面。

❑ 　void beforeFirst()：移到第一条记录的前面。

❑ 　void first()：移到第一条记录。

❑ 　void last()：移到最后一条记录。

❑ 　void previous()：移到前一条记录。

❑ 　void next()：移到下一条记录。

❑ 　boolean isFirst()：游标是否在第一个记录。

❑ 　boolean isLast()：游标是否在最后一个记录。

❑ 　boolean isBeforeFirst()：游标是否在最后一个记录之前。

❑ 　boolean isAfterLast()：游标是否在最后一个记录之后。

❑ 　int getRow()：返回当前游标所处行号，行号从 1 开始编号，如果结果集没有行，则返回为空。

❑ 　boolean absolute(int row)：将游标移动到参数 row 指定的行。如果 row 为负数，则表示倒数行号，例如，absolute(-1)表示最后一行，游标在第一行前或最后一行之后时返回结果为 0。

17.1.6　用 PreparedStatement 接口实现 SQL 预处理

用 Connection 对象的 prepareStatement()方法获取 PreparedStatement 接口对象，用 PreparedStatement 接口提供的方法可实现 SQL 语句的填充处理，先在 SQL 语句中用问号指定待填充位置，在进行填充时可以针对不同数据类型用相应的 setXXX 方法将数据插入语句的某个编号的问号处。

17.2　实　验　指　导

17.2.1　实验目的

（1）掌握常见 JDBC API 的使用，如 Connection 接口、Statement 接口、ResultSet 接口。

（2）掌握 Java 实现数据库操作方法、数据库查询、记录集的遍历、数据库的更新等。

（3）了解 PreparedStatement 接口的使用。

17.2.2　实验内容

1. 样例调试

【基本训练】设有一个学生信息表，包括学号（xuehao）、姓名（name）、出生日期

（born）、性别（sex）、籍贯（address）等信息，要求针对 MySQL 数据库完成以下功能。

（1）建立 student 表格。

（2）给 student 表写入若干数据。

（3）显示 student 表中所有学生。

【目标】掌握 JDBC 连接与访问数据库的基本操作处理。

（1）创建表格。

创建一个表格要先保证该表在数据库不存在，所以要先删除表。如果表不存在则执行表删除操作，相当于空操作，不会引发程序错误。

【参考程序】程序文件名为 CreateStudentTable.java

```java
import java.sql.*;
public class CreateStudentTable {
    public static void main(String args[ ]) {
        String url = "jdbc:mysql://localhost:3306/test?serverTimezone=UTC";
        String dropString = "drop table student ";        //删除表格
        String createString = "create table student " + "(xuehao INTEGER, "
            + "name VARCHAR(8), " + "born date, "
            + "sex   char(2), " + "address VARCHAR(32))";
        try {
            Connection con = DriverManager.getConnection(url, "root", "abc123");
            Statement stmt = con.createStatement();
            stmt.executeUpdate(dropString);             //删除表格
            System.out.println("学生信息表成功删除！ ");
            stmt.executeUpdate(createString);           //创建表格
            System.out.println("学生信息表创建成功！ ");
            stmt.close();
            con.close();
        } catch (SQLException ex) {
            System.err.println("SQLException: " + ex);
        }
    }
}
```

【说明】调试程序时要注意两点：① 要在本机上安装和启动 MySQL 数据库服务。②为了在 Java 应用程序中能连接和访问 MySQL 数据库，需要在相应工程的类库中添加外部 jar 包（例如：mysql-connector-java-8.0.21.jar）。

（2）数据插入。

方法 1：直接执行拼接的 Insert 语句实现数据插入。

【参考程序】程序文件名为 InsertStudents.java

```java
import java.sql.*;
public class InsertStudents {
    public static void main(String args[ ]) {
        String url = "jdbc:mysql://localhost:3306/test?serverTimezone=UTC";
        try {
            Connection con = DriverManager.getConnection(url, "root", "abc123");
```

```
            Statement stmt = con.createStatement();
            stmt.executeUpdate("INSERT INTO student VALUES (200011101,"
                + "'张三', '1992/10/01', '男', '江西')");
            stmt.executeUpdate("INSERT INTO student VALUES (200011112,"
                + "'李四', '2022/03/12', '女', '北京')");
            System.out.println("新插入两条记录到学生表中");
            stmt.close();
            con.close();
        } catch (SQLException ex) {   }
    }
}
```

【注意】在 MySQL 中插入日期数据可直接用字符串形式来表示。

方法 2：利用 PreparedStatement 接口实现 SQL 语句的处理。

```
PreparedStatement ps = con.prepareStatement("INSERT INTO student VALUES(?,?,?,?,?)");
    // con 为一个 Connection 对象
ps.setInt(1,200011101);
ps.setString(2,"张三");
ps.setDate(3, java.sql.Date.valueOf("2022-10-1"));
ps.setString(4,"男");
ps.setString(5,"江西");
ps.executeUpdate( );                              //插入一个学生
```

【说明】利用该方式可方便 SQL 语句的拼写，对各类型数据的处理也很方便。例如，利用 java.sql.Date 类的 valueOf 方法可将字符串形式的日期转换为日期对象。

（3）显示 student 表中所有学生的姓名、出生日期、籍贯。

【参考程序】程序文件名为 QueryStudent.java

```
import java.sql.*;
public class QueryStudent {
    public static void main(String args[ ]) {
        String url = "jdbc:mysql://localhost:3306/test?serverTimezone=UTC";
        String queryString = "SELECT name, born, address FROM student";
        try {
            Connection con = DriverManager.getConnection(url, "root", "abc123");
            Statement stmt = con.createStatement();
            ResultSet rs = stmt.executeQuery(queryString);
            while (rs.next()) {                     //遍历访问结果集
                String s = rs.getString("name");
                Date d = rs.getDate("born");        //获取日期数据
                String p = rs.getString("address");
                System.out.println(s + " ," + d + " ," + p);
            }
            stmt.close();
            con.close();
        } catch (SQLException ex) {   }
    }
}
```

【综合样例】设数据库表格中登记有学生的考试成绩，用饼图表示各分数档人数的比例。如图 17-1 所示。

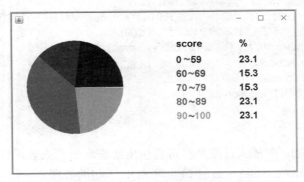

图 17-1　用饼图显示各分数档人数比例

【分析】首先要从数据库读取学生成绩，统计各分数档的人数，根据人数可计算每段扇面的范围大小，并由此计算出每个扇面的起始角度。这样就可以绘制出饼图。

【参考程序】程序文件名为 DrawGraph.java

```java
import java.awt.*;
import java.sql.*;
import java.text.DecimalFormat;
public class DrawGraph extends Frame {
    public DrawGraph() {
        int amount[ ] = new int[5];
        setBackground(Color.white);
        int sum = 0;
        int myangle[ ] = { 0, 0, 0, 0, 0, 0 };
        String url = "jdbc:mysql://localhost:3306/test?serverTimezone=UTC";
        String sql = "select score from scorelog";          //从 scorelog 表选取分数
        try {
            Connection con = DriverManager.getConnection(url, "root", "abc123");
            Statement stmt = con.createStatement();
            ResultSet rs = stmt.executeQuery(sql);
            while (rs.next()) {                              //遍历访问结果集
                int score = rs.getByte("score");            //从结果集读取分数
                /*  以下统计各分数段人数  */
                if (score >= 90)
                    amount[4]++;
                else if (score >= 80)
                    amount[3]++;
                else if (score >= 70)
                    amount[2]++;
                else if (score >= 60)
                    amount[1]++;
                else
                    amount[0]++;
            }
```

```
                    for (int i = 0; i < amount.length; i++)
                         sum = sum + amount[i];                        //求总人数
                    for (int i = 0; i < amount.length; i++)
                         myangle[i] = (int) (amount[i] * 360 / sum);
              //根据各分数段人数计算各分数段对应的扇面范围大小，整个圆 360°
              } catch (SQLException ex) { ex.printStackTrace(); }
              setLayout(new BorderLayout());
              MyArc canvas = new MyArc(myangle);                //根据扇面大小在画布上绘制
              add("Center", canvas);
              setSize(600, 350);
              setVisible(true);
         }

         public static void main(String args[ ]) {
              new DrawGraph();
         }
    }

class MyArc extends Canvas {
    String descript[ ] = { "0-59", "60-69", "70-79", "80-89", "90-100" };
    int c[ ][ ] = { { 25, 25, 250 }, { 223, 24, 123 }, { 30, 145, 69 }, { 244, 80, 70 }, { 80, 200, 180 } };
    int angle[ ];

    public MyArc(int angle[ ]) {
         this.angle = angle;
    }

    public void paint(Graphics g) {
         /* 根据扇面的范围大小计算各扇面的起始角度，绘制扇面 */
         int startangle = 0;
         for (int i = 0; i < c.length; i++) {
              g.setColor(new Color(c[i][0], c[i][1], c[i][2]));
              g.fillArc(30, 30, 200, 200, startangle, angle[i]);   //绘制扇面
              startangle += angle[i];                              //计算各扇面对应的起始角度
         }
         /* 绘制文字显示部分的第一行 */
         g.setFont(new Font("Arial", Font.BOLD, 20));
         g.setColor(Color.black);
         g.drawString("score", 340, 45);
         g.drawString("  %  ", 460, 45);
         /* 绘制各分数段的描述，用与扇面相同颜色 */
         for (int i = 0; i < descript.length; i++) {
              g.setColor(new Color(c[i][0], c[i][1], c[i][2]));
              g.drawString(descript[i], 340, 80 + i * 30);
         }
         /* 根据精度要求绘制各分数段所占的百分比 */
         g.setColor(Color.blue);
         DecimalFormat precision = new DecimalFormat("0.0");
         // 精确到小数点后一位
```

```
        for (int i = 0; i < descript.length; i++) {
                float x = (angle[i]) * 100.0f / 360.0f;
                // 将各分数段的扇面大小转化为百分比
                g.drawString("" + precision.format(x), 470, 80 + i * 30);
        }
    }
}
```

【注意】实数精确到小数点后几位的显示处理方法。

2. 编程练习

（1）设数据库表格中登记有学生考试成绩，用直方图表示各分数档人数的比例。

（2）编写个人电话号码薄的管理程序，支持数据的增、删、改、查功能。

17.3　习 题 解 析

1. 选择题

（1）C　　　　（2）D　　　　（3）B

2. 编程题

（1）编写一个图形界面应用程序，利用 JDBC 实现班级学生管理，在数据库中创建 student 和 class 表格，应用程序具有如下功能。

① 数据插入功能：能增加班级、在某班增加学生。

② 数据查询功能：在窗体中显示所有班级，选择某个班级将显示该班的所有学生。

③ 数据删除功能：能删除某个学生，如果删除班级，则要删除该班的所有学生。

【参考程序】程序文件名为 ex17_1.java

【说明】每个功能提供一个操作面板，通过选项卡实现功能的切换。班级的选择采用下拉列表。由于要对数据库数据进行增、删、改、查操作，在创建 Statement 对象时要注意选择参数，支持记录集与数据库的同步。程序的运行界面如图 17-2 所示。

（2）编写程序实现考试系统中的单选题的增、删、改、查管理。单选题的字段包括题目编号（该字段值由数据库系统自动生成）、所属章号（1～18）、题目内容（假设各选项的信息包含在题目内容中）、题目答案（A～D）等。

【参考程序】程序文件名为 ex17_2.java

【说明】通过表格（JTable）来显示所有试题信息，表格加入滚动面板中，以便支持滚动显示内容。在窗体底部安排 3 个操作按钮，新增试题和修改试题共享同一个输入界面，正在进行的操作类型用一个标记变量来记录。新增试题要求输入框均为空，修改试题要在输入框中显示试题之前内容。删除试题要通过对话框确认。删除和修改试题首先要通过选中表格中要操作的试题。对于题目答案（A～D）等有选择范围的输入项用组合下拉框实现。每次进行增加、删除、修改操作时，要更新数据库表格内容以及更新窗体中 JTable 的内容。

为了能正确写入汉字，程序中连接数据库的连接串中通过参数 serverTimezone 指定时区信息，通过参数 characterEncoding 指定字符集编码为 "utf-8"。程序的运行界面如图 17-3 所示。

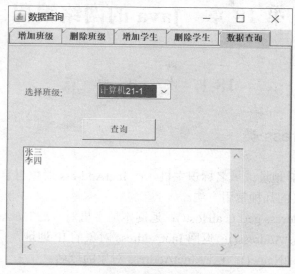

图 17-2　增加学生的操作界面

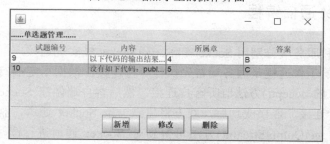

图 17-3　单选题管理操作界面

第 17 章

第 18 章　Java 的网络编程

18.1　知　识　要　点

18.1.1　InetAddress 类

Internet 上通过 IP 地址或域名标识主机，而 InetAddress 对象封装了两者的信息，以下为 InetAddress 中定义的几种常用方法。

- ❑ static InetAddress getLocalHost()：返回本地主机对应的 InetAddress 对象。
- ❑ String getHostAddress()：返回 InetAddress 对象的 IP 地址。
- ❑ String getHostName()：返回 InetAddress 对象的域名。

18.1.2　Socket 通信编程

（1）客户端和服务端分别用 Socket 和 ServerSocket 类实现连接。

（2）Socket 的工作过程是服务端首先执行等待连接，根据指定端口建立 ServerSocket 对象，通过该对象的 accept()方法监听客户连接，然后客户端创建 Socket 对象请求与服务器的指定端口进行连接，连接成功后，双方将建立一条 Socket 通道，利用 Socket 对象的 getInputStream()和 getOutputStream()方法可得到对 Socket 通道进行读写操作的输入/输出流，通过流的读写实现客户机与服务器的通信。

（3）Java Socket 通信经常结合多线程技术，一个服务器可以和多个客户机建立连接，同时与多个客户机进行并发通信。

18.1.3　数据报通信编程

数据报编程涉及 DatagramPacket 和 DatagramSocket 两个类。

（1）DatagramPacket 对象构建分为发送和接收两种情形，其构造方法的参数形态不同。

- ❑ DatagramPacket(byte[], int bytes)：用于构建接收数据报对象。

其中，byte[]类型的参数是接收数据报的缓冲，int 类型的参数是接收的字节数。

- ❑ DatagramPacket(byte[] buffer, int bytes, InetAddress addr, int port)：用于构建发送的数据报对象。

其中，buffer 是发送数据的缓冲区，bytes 是发送的字节数，addr 是接收机器的 Internet 地址，port 是接收的端口号。

（2）DatagramSocket 类的构造方法也分为用于发送数据和接收数据两种形态。

❑ DatagramSocket()：构造发送数据报的 DatagramSocket 对象。

❑ DatagramSocket(int port)：构造接收数据报的 DatagramSocket 对象，构造方法的参数 port 为接收端口号。

18.1.4　URL 访问处理

（1）URL 的组成包括协议和资源，资源由主机名、端口号、文件 3 部分构成。

（2）常用获取 URL 属性的方法有 getProtocal()、getHost()、getPort()、getFile()。

（3）利用 URLConnection 对象可获得 URL 资源的内容、内容长度、最后修改日期等各类属性以及对应 URL 连接的输入/输出流。

18.2　实　验　指　导

18.2.1　实验目的

（1）了解 InetAddress 类的使用。

（2）熟悉 Socket 通信原理及编程方法。

（3）了解数据报编程的基本方法。

（4）了解 URL 定义对 URL 资源的访问。

18.2.2　实验内容

1. 样例调试

【基础训练 1】最简单的客户服务器应用。

【目标】掌握 Socket 通信的编程方法。

（1）实现客户与服务器的连接与数据读写。

【服务方程序】程序文件名为 Server.java

```java
import java.net.*;
import java.io.*;
public class Server {
    public static void main(String args[ ]) {
        try {
            ServerSocket s = new ServerSocket(5432);
            while (true) {
                Socket s1 = s.accept();                          //等待客户连接
                DataOutputStream dos = new DataOutputStream(s1.getOutputStream());
                DataInputStream din = new DataInputStream(s1.getInputStream());
```

```
                dos.writeUTF("你已连接服务器，输入你的姓名…");
                String id = din.readUTF();
                dos.writeUTF("再见：" + id);
                s1.close();
            }
        } catch (IOException e) {  }
    }
}
```

【客户方程序】程序文件名为 Client.java

```
import java.net.*;
import java.io.*;
public class Client {
    public static void main(String args[ ]) {
        try {
            Socket s = new Socket("localhost", 5432);
            DataOutputStream dos = new DataOutputStream(s.getOutputStream());
            DataInputStream din = new DataInputStream(s.getInputStream());
            System.out.println(din.readUTF());
            String x = javax.swing.JOptionPane.showInputDialog("我的姓名：");
            dos.writeUTF(x);
            System.out.println(din.readUTF());
            s.close();
        } catch (IOException e) {    }
    }
}
```

调试程序，总结客户与服务器通信的基本工作原理，数据的发送与接收方法。用一个同学的机器作为服务器，其他同学作为客户机，将 localhost 改为服务器的 IP 地址，进行测试。

运行程序中不难发现，如果服务器在等待某个客户机回答"姓名"时，将因 readUTF() 方法而阻塞主线程的运行，使其他客户机不能及时连接。因此，有必要将与每个客户的通信任务从主线程中分离出去，这就需要为每个客户创建通信线程。

（2）对服务器程序进行修改。

```
import java.io.*;
import java.net.*;
public class Server {
    public static void main(String args[ ]) {
        try {
            ServerSocket s = new ServerSocket(5432);
            while (true) {
                Socket s1 = s.accept();                    //等待客户连接
                DataOutputStream dos = new DataOutputStream(s1.getOutputStream());
                DataInputStream din = new DataInputStream(s1.getInputStream());
                Thread x = new Comm(dos, din);
                x.start();
```

```
                }
            } catch (IOException e) {   }
        }
    }

class Comm extends Thread {
    DataOutputStream dos;
    DataInputStream din;

    public Comm(DataOutputStream dos, DataInputStream din) {
        this.dos = dos;
        this.din = din;
    }

    public void run() {
        try {
            dos.writeUTF("你已连接服务器，输入你的姓名…");
            String id = din.readUTF();
            dos.writeUTF("再见：" + id);
        } catch (IOException e) {   }
    }
}
```

重新测试程序，总结通信线程的作用，要想让通信线程持续与客户对话，应将 run()方法用循环来实现，例如，客户输入一个整数，服务器告诉客户这个数是奇数还是偶数。

```
dos.writeUTF("输入一个整数，我知道它是奇数还是偶数");
for (;;) {
    String id = din.readUTF( );
    String res = ?(Integer.parseInt(id)%2==0): "偶数":"奇数";
    dos.writeUTF("是…"+ res);
}
```

【思考】如果要在客户间进行通信，必须要借助服务器进行消息的转发。所以要将每个客户的输出流登记下来，以便转发时往相应的流中写数据。可以用数组列表对象记录。

【基础训练 2】输出本机的 IP 地址。

【目标】了解 InetAddress 的使用。

【参考程序】程序文件名为 IP.java

```
import java.net.*;
public class IP {
    public static void main(String args[ ]) {
        try {
            String myaddr = InetAddress.getLocalHost().getHostAddress();
            System.out.println("本机的 IP 地址:" + myaddr);
        } catch (UnknownHostException e) { }
    }
}
```

如果实验条件允许，观察网络在线与离线情况下的结果变化。

【综合样例】数据报通信的演示。

【目标】了解数据报通信的编程方法。

以下程序中分别设计了 send()方法和 receive()方法用来实现数据报的发送和接收处理。数据报收发时要求接收方要处于接收等待状态，所以，在程序中专门启动一个线程来调用 receive()方法接收数据报。在 receive()方法中会将接收到的数据报打印输出。

【参考程序】程序文件名为 UDP.java

```java
import java.net.*;
public class UDP extends Thread {
    public static void main(String args[ ]) {
        new UDP().start();                          //启动线程
        send("localhost", 3333, "hello");           //发送数据报
    }

    public void run() {
        receive(3333);                              //接收数据报
        try {
            Thread.sleep(20);
        } catch (InterruptedException e) {
            e.printStackTrace();
        }
    }
    /*  该方法利用数据报通信实现向指定主机和端口发送一个字符串  */
    public static void send(String host, int port, String info) {
        byte message[ ] = info.getBytes();
        try {
            InetAddress address = InetAddress.getByName(host);
            DatagramPacket packet = new DatagramPacket(message,
                        message.length, address, port);
            DatagramSocket dsocket = new DatagramSocket();
            dsocket.send(packet);                   //发送数据报
            dsocket.close();
        } catch (Exception e) {
            System.err.println(e);
        }
    }

    /*该方法利用数据报通信接收某个端口收到的数据报  */
    public static void receive(int port) {
        try {
            DatagramSocket dsocket = new DatagramSocket(port);
            byte[ ] buffer = new byte[2048];
            DatagramPacket packet = new DatagramPacket(buffer, buffer.length);
            dsocket.receive(packet);                //接收数据报
            String msg = new String(buffer, 0, packet.getLength());
            System.out.println(packet.getAddress() + ":" + msg);
```

```
        } catch (Exception e) {
            System.err.println(e);
        }
    }
}
```

2. 编程练习

（1）编写一个应用类似 FTP 文件服务器功能，既可以上传文件到文件服务器上，也可以下载服务器上特定目录下的文件资源。

（2）编制一个网页内容抓取显示程序，在窗体中安排一个文本框用来输入网址，安排一个滚动窗格，滚动窗格中安排一个文本域显示网址抓取到的 HTML 文本内容。

18.3　习　题　解　析

1. 选择题

（1）C　　　　（2）B　　　　（3）C

2. 思考题

（1）答：Socket 通信是面向连接的可靠消息传递，缺点是速度较慢。数据报是不可靠消息传递，其优点是速度快。Socket 通信的过程是：① Server 端监听某个端口是否有连接请求；② Client 端向 Server 端发出连接请求，Server 端向 Client 端发回接收连接消息；③连接建立后，Server 端和 Client 端都可以通过 Socket 通道的输入/输出流发送和接收消息。数据报的通信过程是：① 数据报接收端通过 DatagramSocket 对象的 receive() 方法在某个端口等待接收数据报；② 发送方通过 DatagramSocket 对象的 send() 方法发送数据报。发送数据报和接收数据报使用的构造方法不同，发送数据报要指定发往的目标地址和端口。

（2）答：URL 包括协议名、主机名、路径文件和端口号。URL 访问只能读取 URL 数据源的数据，URLConnection 类可与 URL 目标进行双向通信。

3. 编程题

（1）编写一个程序，获得指定 URL 资源的内容大小、最后修改日期。

【基本思路】 利用 URLConnection 的相应方法和获得 URL 内容大小等信息。

【参考程序】 程序文件名为 ex18_1.java

（2）利用 Socket 通信实现网络对弈五子棋应用，应用支持多桌并发对弈，应用界面包括登录、选桌和对弈界面。

【服务器端程序】 程序文件名为 ChessServer.java

【服务方分析】 在服务器方要考虑到要维持多桌用户的同时对弈，引入多线程，首先是主程序线程（ChessServer），负责循环监听客户的连接请求，对于每个客户将创建一个通信线程（MessageThread）接收来自客户的消息，并完成消息的转发。另外，还有一个线程（MonitorThread）负责监视客户是否在线，对于不在线的客户要将其对应的服务器的资源信息进行清理，从而保证整个应用的持久运行。在服务器方提供了一个 Desk 类记录每桌的相关客户信息。通过两个静态定义的 ArrayList 列表将所有的棋桌和所有客户通信线程记录下来，以方便信息的查阅。服务方设计的一个难点是 MonitorThread 类中如何知道用户是否在线，通过发送"mointor.."消息，并根据发送的异常来判断用户 Socket 通道是否完好。其带来的问题是在线客户会时常收到该消息，因此，MonitorThread 线程的休息间隔可安排长些，从而不影响应用的响应性能。

　　客户方和服务方的通信通过互发消息实现，本程序中消息的设计比较简单，消息用字符串表示，见表 18-1，前面为消息识别关键词，后面为消息参数，它们之间用逗号分隔。以下为具体消息设计，利用字符串的 split()方法可实现消息参数的分离，进行判断处理。有些消息在服务器处理后要转发给客户的对手。

表 18-1　客户与服务器的通信消息设计

消 息 格 式	发 往 方 向	解　　释
desk,:第 1 桌;null;mary:第 2 桌;...	客户	棋桌信息，每桌之间用冒号隔开，桌内参数用分号隔开
login	服务器	登录
Sitdown，桌号，座位，用户名	服务器	用户选择桌及座位
resign	服务器，并转发	客户放弃
begin	服务器，并转发	客户单击开始，转发消息时还会添加开始按钮的单击次数
step,x,y	服务器，并转发	一步下子
end	服务器	游戏结束
mointor..	所有客户	检测客户是否在线

【客户端程序】程序文件名为 ChessClient.java

【客户方分析】客户方的职责由两部分构成，一是应用界面，完成登录、选桌、下棋等操作界面的事件处理，另一个是要与服务方进行通信。将消息发送给对手是一种主动行为，可由应用界面中的各类事件触发完成，而接收对方的消息则是被动行为，所以，在客户方创建一个接收消息的线程（receiveThread），该线程将循环等待接收消息，根据消息的分析处理更新客户界面的显示。注意，该线程创建时要通过参数将 Socket 数据输入流和窗体对象传递过来，以便能读取网络数据，并访问窗体对象的属性和方法。客户方设计的一个难点是棋桌的动态更新，要能根据网络对手的选择变化动态显示各棋桌信息。程序中用了面板的两个特殊方法，一个是 removeAll()方法可清除所有布局显示,另一个是 validate()方法，可以在布局改变后，更新面板显示。加入面板的棋桌数量以及每桌黑白位置座的情况由服务器传递的信息分析决定，有客户座的位置用标签显示客户，无客户的位置用按钮显示，每个按钮的名称要加以区分，以便处理事件时通过按钮名知道用户选择了哪桌。

【运行界面】程序运行时用户先登录，如图 18-1 所示，然后选择棋桌和座位，如图 18-2 所示，最后进入与对手的交互下棋界面，如图 18-3 和图 18-4 所示。

图 18-1　用户登录

图 18-2　用户选择棋桌和座位

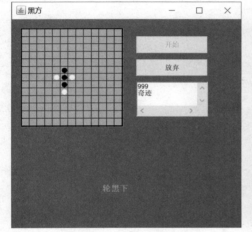

图 18-3　黑方下棋界面

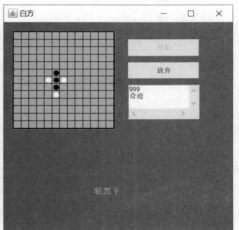

图 18-4　白方下棋界面

第 18 章

参 考 文 献

[1] 丁振凡. Java 语言程序设计实验指导与习题解答[M]. 北京：清华大学出版社，2010.

[2] 丁振凡，范萍. Java 语言程序设计[M]. 3 版. 北京：清华大学出版社，2022.

[3] 丁振凡. Java 8 入门与实践实验指导与习题解析：微课视频版[M]. 北京：中国水利水电出版社，2019.

附录　Java 课程设计题目

一、基本题

1. 选择排序、交换排序、冒泡排序 3 种算法的运行过程图形化演示程序，要求演示每趟的排序结果，采用图形绘制方式绘制结果，用选项卡部署功能界面。

2. 九宫格人机对弈程序，要求用图片显示九宫格的双方，每次对弈结束可以选择重来还是退出，随机决定人先下还是计算机先下。

3. 设计扫雷游戏，通过下拉菜单设置扫雷难度，记录扫雷过程花费的时间，增加开始按钮控制扫雷的开始，地雷用图片显示，可以通过鼠标右键挖出地雷。

4. 模拟十字路口的南北和东西方向的交通信号灯的工序过程，图形显示信号灯的变化。

5. 龟兔赛跑的可视化模拟，要求将乌龟和兔子用图片绘制。

6. 设计人机对拿火柴游戏的图形软件。可以通过配置文件设置限拿根数，运行时随机决定是人还是计算机先拿，剩余火柴数量图形化绘制出来，拿到最后一根者为负。

7. 猴子选猴王的图形化演示，绘制若干猴子座成一圈，从 1 开始按顺序报号，报到 3 者退出，最后一个剩在圈中的为猴王。

8. 设计简易文本编辑器，可用工具栏和下拉菜单支持相关的功能，能选择要编辑的文件和将编辑内容保存到某个文件，能进行文本的替换操作，支持文本的复制和粘贴操作。

9. 个人记事本和联系人管理软件的设计。可以记录某天发生的事情，对自己的常用联系人信息进行增删以及浏览操作，数据信息可以选择存储在文件中或者数据库中。

10. 设计学生成绩管理软件。可支持某个班某门课程的学生成绩录入、查看，生成成绩统计分析饼图等，学生成绩信息存储在数据库中。

二、挑战题

1. 编写一个功能较全面的计算器，类似 Windows 操作系统提供的计算器。

2. 网络共享白板的设计，绘制图案包括点、直线、椭圆、矩形，可选择更换颜色。

3. 利用 Socket 通信设计人人对弈围棋的网络游戏应用，特别注意设计围棋提子算法。用户登录后可以选择进入某个对弈的棋桌。